YEWAI JINGLING
BIANFU

● 蝙 蝠

野外精灵

刘奇 著

泰山出版社·济南·

图书在版编目（CIP）数据

野外精灵.蝙蝠 / 刘奇著. —济南：泰山出版社，2020.12
ISBN 978-7-80634-965-6

Ⅰ.①野… Ⅱ.①刘… Ⅲ.①动物—青少年读物 ②翼手目—青少年读物 Ⅳ.①Q95-49 ②Q959.833-49

中国版本图书馆CIP数据核字（2020）第212060号

YEWAI JINGLING · BIANFU

野外精灵·蝙蝠

著　　者　刘　奇
责任编辑　赵　雨
装帧设计　路渊源
封面绘图　虫　二

出版发行　泰山出版社
社　　址　济南市泺源大街2号　邮编　250014
电　　话　综　合　部（0531）82023579　82022566
　　　　　市场营销部（0531）82025510　82020455
网　　址　www.tscbs.com
电子信箱　tscbs@sohu.com
印　　刷　山东临沂新华印刷物流集团有限责任公司
开　　本　170 mm×240 mm　16开
印　　张　5.5
字　　数　100千字
版　　次　2020年12月第1版
印　　次　2020年12月第1次印刷
标准书号　ISBN 978-7-80634-965-6
定　　价　45.00元

蝙蝠想说的话

人类：

　　你们好！

　　我是一只小小的蝙蝠，我的祖祖辈辈都活在黑暗当中，很少和你们接触，难免你们会觉得我很神秘，甚至因为我携带的病毒而讨厌我。这让我很伤心也很无奈，但我也不会因此责备你们甚至报复谁，因为我知道是我奇怪的行为让你们对我不了解，产生了误会。因此我要勇敢地站出来，介绍我自己，希望得到你们的理解。

　　早在6000多万年前，我的祖先就出现在地球上了，它们长有宽大的翅膀，能够自由地在天空中飞翔。飞行是我们蝙蝠家族所有成员都具有的独特能力，也是我们蝙蝠能够在地球上立足的根本。在后来漫长的时间中，我们的前辈不断地演化，逐渐获得了丰富的、成功的、堪称完美的技能来适应地球上各种环境。

　　我们家族成员非常多，数量超过了1400种，因此我们是个非常庞大的家族。因为我们能够飞行，所以我的很多兄弟姐妹飞到了地球上的各个角落，寻找合适的生活环境并在那里安家落户，当然，除了非常偏僻的岛屿和两极地区。我喜欢和我的小伙伴一起生活，我们会找一个特别隐蔽的地方隐藏起来，以免被其他动物吃掉。我们居住的地方有很多，而且不同的居住环境各具特色。有时候我们会用树叶做成巢住在里面，这种地方安静，环境又好；有时候我们会住在人类的房子里面，跟人类做邻居，因为这里经常有我们吃的食物，而且很少出现我们的天敌。山洞是我们最喜欢居住的地方，因为山洞里非常宽阔、温度舒适，所以很多小伙伴都会选择在山洞里休息和哺育后代。我们睡觉的时候是倒挂着的，我们有长长的爪，能够稳稳地挂在岩壁上而不用担心睡着的时候掉下来。可能有的朋友觉得我们睡觉的姿势很奇怪，倒挂着睡觉不会头晕吗？其实不用担心，因为我们早已习惯这样了，倒挂的姿势并不会对我们的身体造成不利的影响，反而在遇到危险时，我们只要轻轻地放开双脚就能迅速起飞逃走。

　　由于长期生活在黑暗的世界里，我的眼睛变得很小，视力也很差，在漆黑的夜里更是看不见任何东西。但是我能够"听到"，因为我有一个特殊的技能——回声定位。我从嘴巴里发出超声波，当它们碰到目标时就会被反射回来，我的大耳朵能够接收这些信号，通过分析，我就能知道这些目标所在的位置。这种方式使我能够在漆黑的环境中及时发现前面的障碍物，从而躲避它们。而且我捕食的时候，回声定位让我能够发现猎物并准确地捕捉到它们。我的食物各种各样，非常丰富，有甲虫、蛾子和蚊子等，除了捕食昆虫外，我还会吃植物的果实、花蜜和树叶，有时我们也会捕食鱼、青蛙甚至是鸟类。然而，当冬季来临时，气温逐渐降低，我的食物——尤其是昆虫就变得越来越少，因此我不得不在食物消失前整晚地外出捕食更多的食物，将这些食物转换成脂肪并存储起来。然后我会跟随我的家族迁徙到另外一个家，我要在这里度过寒冷的冬季。随着温度的降低，我的身体开始发生奇怪的变化，呼吸变慢、体温下降、心跳逐渐变缓，我开始沉沉地睡去，进入一种特殊的生命状态——冬眠。在这个过程中我几乎不会动，只消耗非常少的能量，之前存储的脂肪足以让我度过漫长的冬季。当春天到来，气温回升时，我自然就会醒来。

我们蝙蝠家族数量庞大，在生态系统中起到了非常重要的作用。我们家族中以昆虫为食的小伙伴每晚可捕食接近自身体重1/3重量的昆虫，其中很多都是对植物不利的害虫，所以它们能控制这些农林害虫数量。此外，以植物为食的伙伴们，则依靠灵敏的嗅觉和视觉在热带森林里觅食水果和花蜜，无形中充当了夜间开花植物的花粉和种子的传播者，甚至有些植物的种子需要经过它们消化道的处理才能更好地萌发。因此，我们蝙蝠能够维护生态系统平衡，对人类的农林生产是有益的。以上是我和我们蝙蝠家族的基本信息介绍，看了这些，你们是不是对我们的习性有了更进一步的了解呢？

正当我们悠然地过着富足安逸的生活时，病毒却找到了我们，从此带给我们无尽的苦难，也为我们蝙蝠家族招致人类的非议、憎恨，甚至捕杀。在我们身上发现了近百种病毒，这些病毒变异后对人类和其他动物有着致命的危害，如尼帕病毒、埃博拉病毒以及各种冠状病毒等。我们的祖辈在与病毒抗争的过程中也付出了惨痛的代价，但这并未击垮我们，病毒的折磨反而让我们变得更加强大。经过了无数同伴的痛苦挣扎，我们的免疫系统逐渐进化出对抗病毒的秘密武器，我们蝙蝠家族才得以幸存下来。但病毒的魔爪并未远离我们，反而从此与我们相伴。我一方面为祖辈的生存智慧而骄傲，一方面也为无法摆脱病毒而感到束手无措。我们被人类误解为飞行的病毒库，一旦我们身上携带的病毒"泄露"，将严重威胁人类健康以及全球公共卫生安全。近20年内，已有多起因为我们蝙蝠携带的病毒而引起的全球性病毒传染事件。每一次的病毒传染事件都让你们付出了惨痛的代价，对此，我们深表歉意，但也会因你们的指责而感到委屈。实际上，我们能够与各种病毒长期和平共存，是由于历史进化的原因。我们所携带的病毒并不会直接传染给人，而且长久以来我们与人类各自生活在不同的地方，安然无事，只因我们居住的地方被坏人们大肆地侵占，导致我和我的同伴无家可归、生存空间越来越小，所以我们才不得已进入人类的活动领域。我的同伴有的还被人类抓取食用，这才导致我们身上的病毒有机会变异，传播给人类。所以我想说，请不要憎恨我们，更不要捕杀我们，请给我们生存的空间，我们都安静地过各自的生活，好吗？

　　我身材弱小，长相丑陋，但从未放弃生存的意志。我努力进化出各种独特的能力，虽然有些行为看上去有些奇特，但这让我更好地适应了各种环境，也让我们蝙蝠家族繁荣兴盛。我并不是你们想象的那样一无是处，我们家族对生态系统的平衡和人类的农林生产活动贡献了不小的作用。此外，我们蝙蝠的身上还蕴藏着许多生命的奥秘，比如我们很长寿，其中的原因也等待着你们的解读。因此，我期望通过我的介绍得到你们客观的认识和保护。不管是过去还是将来，我们蝙蝠都会默默地为我们赖以生存的自然家园提供服务。我们也愿意为你们的科学研究献身，这将更加有利于实现我们的价值。

目 录
CONTENTS

第一章　蝙蝠初印象 …… 001

第一节　何为蝙蝠——唯一会飞行的哺乳动物 / 001

第二节　形色各异的蝙蝠 / 004

第三节　蝙蝠的生活范围和分布规律 / 007

第二章　蝙蝠的生活习性 …… 009

第一节　蝙蝠吃什么 / 009

第二节　蝙蝠的隐秘之所 / 016

第三节　夜空中巡航、猎食的利器——回声定位 / 020

第三章　蝙蝠的起源与演化 …… 026

第一节　蝙蝠从何而来——蝙蝠的起源 / 026

第二节　蝙蝠的生存之道——蝙蝠的演化 / 030

第四章　蝙蝠与病毒 …… 039

第一节　蝙蝠为何携带如此之多的病毒 / 040

第二节　蝙蝠为何"百毒不侵" / 043

第五章　你不知道的蝙蝠趣闻 …… 047

第一节　蝙蝠回声定位的发现过程 / 047

第二节　聪明的犬蝠会做巢 / 051

第三节　住在竹筒里的扁颅蝠 / 054

第六章　蝙蝠的作用及意义 …… 057

第一节　蝙蝠在生态系统中发挥的作用 / 058

第二节　蝙蝠的学术研究及应用价值 / 061

第七章　蝙蝠的保护 …… 067

第一节　蝙蝠需要保护吗 / 067

第二节　我们可以做些什么 / 072

结语 …… 076

第一章 蝙蝠初印象

第一节 何为蝙蝠——唯一会飞行的哺乳动物

不管是在全球各个角落发掘出来的蝙蝠化石,还是现在广泛生活在全球各处的 1400 多种蝙蝠,都充分证明了蝙蝠是一种在地球上生存繁衍得非常成功的哺乳动物类群。那么,什么是蝙蝠呢?

我们平时所说的蝙蝠其实是翼手目动物的统称,在生物学上的定义是隶属于脊索动物门、哺乳纲的一类动物。无一例外,所有的蝙蝠都拥有一个极其明显的共同点——会飞行,这是蝙蝠区别于其他哺乳动物的标志性特征。因此,我们可以给

蝙蝠——唯一会飞行的哺乳动物

蝙蝠一个通俗的定义：唯一会飞行的哺乳动物。

蝙蝠之所以能够飞行，是因为它们特化出了一套全新的飞行装备——翼膜以及支撑翼膜的身体结构。蝙蝠在前肢的指间、身体两侧以及后足之间长有密且坚韧的翼膜，翼膜表面光滑而且非常薄，柔韧性十足。此外，在膜上还分布着丰富的毛细血管和神经，因此蝙蝠的翼膜具有强大的生命力和修复能力，受损的翼膜能够很快被修复。相对于其他哺乳动物，翼膜组织是蝙蝠所特有的，它显著地扩展了蝙蝠的体表面积，是蝙蝠能够乘风而起的关键。而为了支撑翼膜和保障飞行，蝙蝠的身体结构也发生了巨大的变化。蝙蝠的前肢不像其他动物的足或者手，而是明显地拉长了，它们的前臂、掌骨和指骨都变得更长，用以附着指间、腕部到肩部、身体两侧的翼膜组织。因此，蝙蝠的前肢进化为飞行的翅膀——翼，这也是蝙蝠被称为翼手目的原因。有了这么一套专业的飞行设备，蝙蝠便可以轻而易举地在广阔的天空翱翔。

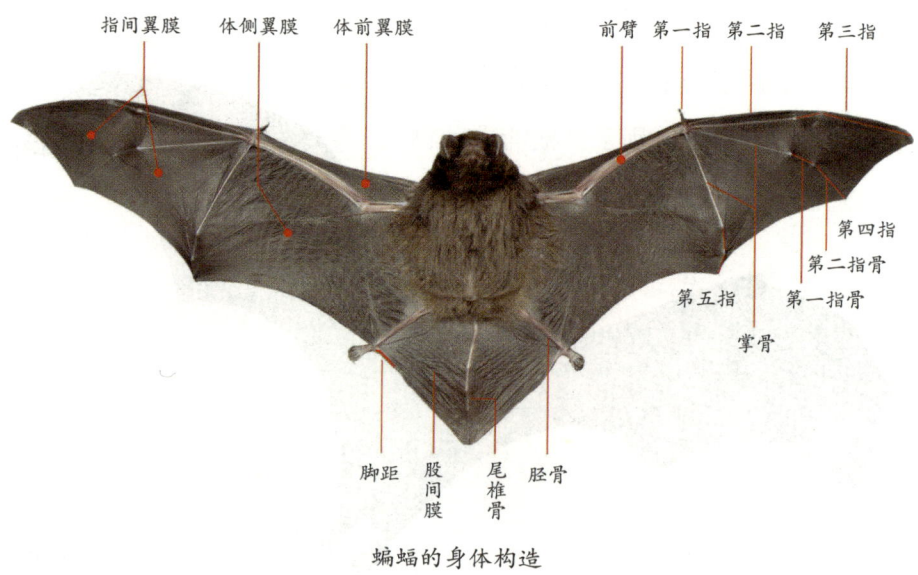

蝙蝠的身体构造

飞行状态下，蝙蝠的体侧翼膜和指间翼膜通过前肢的前臂、掌骨和指骨结构有规律地展开和收缩，尾膜（即股间膜）也随之展开。蝙蝠的前肢提供飞行的动力，尾膜则起到"舵"的角色，控制着蝙蝠飞行的方向。此外，

会滑翔的鼯鼠

蝙蝠的尾膜还可以在蝙蝠抓到猎物时顺势兜住猎物，发挥辅助蝙蝠捕食活动的功能。而在休息状态下，蝙蝠的翼膜会自然地收起放置体侧，有些蝙蝠甚至将前肢翼膜展开包裹身体以达到保护自己的目的。

蝙蝠不仅有着完善的飞行器官，而且胸部发达的肌肉组织能够提供给翅膀强劲的动力，使蝙蝠可以依靠自主动力持续地、有节奏地扇动翅膀实现飞行。还有一些只能滑翔的哺乳动物，如鼯猴和鼯鼠，它们的身体也发展出了与飞行有关的器官，在身体两侧和股间长有皮膜。它们伸展四肢打开皮膜，依靠空气浮力在树木之间滑翔，但它们自身不能提供动力扇动皮膜。因此，它们会在重力的影响下不断地下坠，"飞行"距离也很有限。只有蝙蝠的飞行属于自主动力飞行，所以说蝙蝠是哺乳动物中唯一可以真正飞行的动物。

在6000多种哺乳动物当中，唯有蝙蝠成功进化出了飞行的功能，这着实令人叹为观止。一定程度上来说，蝙蝠类群的兴盛繁荣正是缘于它们进化出独一无二的翼，从而实现真正意义上的飞行。这使蝙蝠摆脱拥挤而危险的地面，轻而易举地进入广阔的生存空间——天空，并牢牢地占据着夜空生态位。

第二节 形色各异的蝙蝠

蝙蝠因其卓越的适应能力而成为动物界中一个庞大的类群，全世界共有1400多种蝙蝠，隶属于21个科，220多个属，大约占了哺乳动物物种总数的20%。不同的蝙蝠在体形、面部结构、体色、行为等方面有相似之处，但更多的是不同。那么，如此之多的蝙蝠种类是如何区分的呢？

在生物学上有一套对地球上所有生物进行归类的学科——生物分类学。生物分类是根据生物之间的相似程度（包括形态结构和生理功能等），把生物划分为不同等级的类群，并对生物类群的形态结构和生理功能等特征进行科学的描述，以厘清不同类群之间的亲缘关系和进化关系。近代生物分类学诞生于18世纪，它的奠基人是瑞典植物学家林奈。他建立的物种双名法使每一物种都有一个唯一的学名：由两个拉丁名词所组成，第一个代表属名，第二个代表种名。比如，一种蝙蝠中文名叫绯鼠耳蝠，其物种学名为 *Myotis formosus*，*Myotis* 为属名——鼠耳蝠属，意为耳朵长得像鼠耳的蝙蝠，*formosus* 为种名，意为颜色艳丽的、漂亮的蝙蝠，

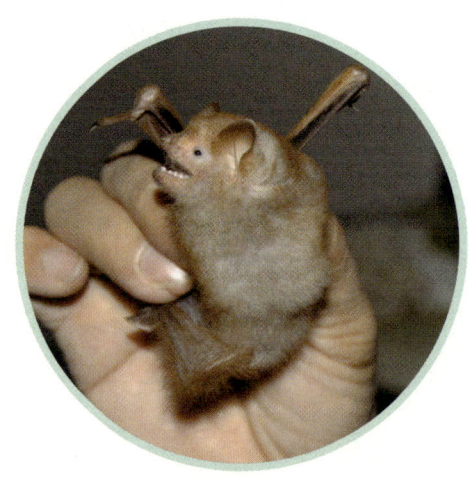

绯鼠耳蝠

两者组合在一起就是这种蝙蝠的物种科学名称。物种科学名称一般用斜体，属名首字母大写。此外，林奈还建立了由大到小的分类阶元系统，通常包括七个主要级别：界、门、纲、目、科、属、种。种（物种）是基本单元，亲缘关系近的种归为属，说明它们有着更多相似的特征，而亲缘关系近的属可以归为科，亲缘关系近的科又可以归为目。蝙蝠在分类学上之所以被称为翼手目，原因在于这个目所有动物都具有一个共同点——前肢特化为翼，能够飞行。也正是这个独一无二的特征将翼手目的动物与哺乳纲中其他动物完全地区分开来。

根据林奈物种分类阶元系统，分类阶元越高，所包含物种的共同点就越少，物种之间的差别就越大；分类阶元越低，所包含物种的共同点就越多，物种形态特征越相似。首先，根据传统的动物学分类方法，依据形态、食性、回声定位上的差别，研究人员把蝙蝠分成了两大类：大蝙蝠亚目和小蝙蝠亚目。亚目是低于目阶元但高于科阶元的补充分类等级。

大蝙蝠亚目俗称果蝠，是一类以植物果实、花蜜为食的体形较大的蝙蝠。马来大狐蝠是蝙蝠中体形最大的，它们就属于此类。马来大狐蝠的翅膀展开有1.8米，体重大约2千克，硕大的体形飞在空中甚是壮观。因为果蝠不会冬眠，所以只在热带和亚热带分布，那里一年四季都有会开花和结果的植物，能够满足果蝠对食物的需求。果蝠的眼睛很大，一般夜间视觉和嗅觉比较发达。因此，它们在寻找成熟的果实、花蜜和花粉等食物方面有着独特的优势。除了狐蝠科的种类外，其他的蝙蝠物种都归属在小蝙蝠亚目中，也叫食虫蝙蝠，是一类主要以昆虫为食的体形较小的蝙蝠，南美的吸血蝠、捕鱼的大足鼠耳蝠一般也被包括在食虫蝙蝠中。食虫蝙蝠的眼睛很小，往往隐藏在浓密的毛发之下，如果不仔细观察还以为它们没长眼睛呢！食虫蝙蝠的眼睛相对于果蝠或者其他夜行性动物来说非常小，它们的视觉功能会随着年龄的增长逐渐变弱、退化。但是食虫蝙蝠夜间活动时并不是依靠视觉,而是依靠另外一种方式——回声定位。小蝙蝠亚目的所有蝙蝠都能够在喉部产生超声波,从嘴巴或者鼻孔发射出去。食虫蝙蝠正是利用回声定位的技能进行导航和捕食各种昆虫的。

　　中国幅员辽阔,生态环境类型复杂多样,是世界上蝙蝠集中分布的区域之一。根据2009年出版的《中国兽类野外手册》,在中国一共记录了7个科32个属的128种蝙蝠。这7个科分别为狐蝠科、菊头蝠科、蹄蝠科、假吸血蝠科、鞘尾蝠科、犬吻蝠科和蝙蝠科。中国蝙蝠占世界蝙蝠物种总数的10%左右。而实际上,近10年来,中国在蝙蝠野外调查与研究方面有了很大的进展,在境内陆续发现了新蝙蝠物种,国内蝙蝠多样性正在不断地被发掘。根据最近的研究结果,在中国分布的蝙蝠种类达7科33属155种。

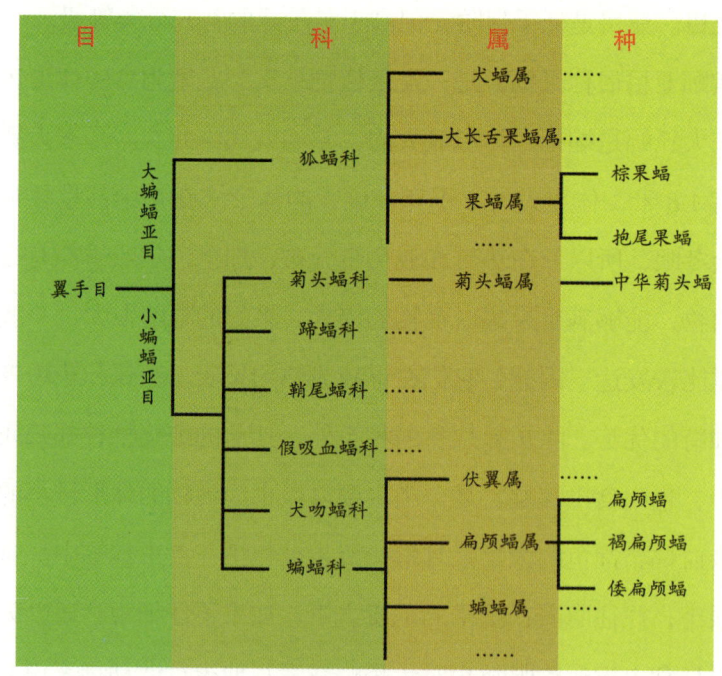

中国蝙蝠分类简图

第三节　蝙蝠的生活范围和分布规律

世界范围内的蝙蝠分布状况

自从蝙蝠进化出飞行的能力后，它们的身影已遍布世界的各个大洲。实际上除了极高的山脉、偏僻的海洋岛屿和极地外，其他地方都有蝙蝠的分布。然而，在各个区域分布的蝙蝠在数量、种群、栖息地类型等方面相差甚远。整体上看，蝙蝠主要分布于热带、亚热带和温带地区，森林、山脉、农田、草原、湿地等都能发现它们的踪迹。影响蝙蝠物种全球分布的主要因素是温度、降水、食物、植被覆盖度等。首先，随着地理纬度的降低，年平均气温越来越高，植被类型越来越丰富，气候也越来越湿润。相对于高纬度地区，低纬度地区有着更多样的适宜蝙蝠栖息的环境，提供给蝙蝠更多的食物资源和更长的非冬眠时间，更有利于蝙蝠的生存和繁殖。因此，不管是蝙蝠的物种数量还是种群数量，都呈现出随纬度的降低而增加的情况。其次，蝙蝠多样性的分布也受海拔因素的影响，类似于地理纬度因素，海拔决定着环境的温度、植被类型以及蝙蝠的食物资源。蝙蝠物种多样性随海拔高度的上升而逐步下降。根据已有的科学报道，在海拔高度超过2500米的山脉几乎不再有蝙蝠的分布。在有着众多森林和洞穴的热带及亚热带地区，往往有着较多的蝙蝠种类和庞大的种群数量。例如南非、中美洲、南美洲以及东亚、东南亚等地区。

"看我们多么整齐划一"

中国国内的蝙蝠分布状况

蝙蝠在我国的分布规律与全球蝙蝠分布规律相吻合：随纬度和海拔降低而增多，呈现"南多北少"的分布状况。东北三省（辽宁省、吉林省和黑龙江省）共有蝙蝠23种，安徽省有蝙蝠25种，湖北省28种，江西省31种，广东省则有60种。海拔高度同样影响国内蝙蝠多样性分布，一项在广东省开展的蝙蝠调查结果显示，蝙蝠物种的分布密度随海拔的升高而减小。海拔1500米以上的地区几乎不再有蝙蝠的分布。除此之外，影响国内蝙蝠分布情况的因素还有年平均温度、大于零度日数、1月平均温度、年降雨量等。中国南方热带及亚热带地区气候湿润温暖，山脉绵延的喀斯特岩溶地貌具有较高植被覆盖度和溶洞特征，是多种蝙蝠适宜的生态环境类型，也是国内蝙蝠分布最丰富的地区，是国内外蝙蝠生物多样性研究的热点区域之一。

第二章 蝙蝠的生活习性

第一节 蝙蝠吃什么

几乎所有的蝙蝠都是夜栖性的，每当夜幕降临，蝙蝠便从栖息地飞出来，开始一整晚的觅食活动。一般来说，蝙蝠的夜间觅食活动有两个高峰期：一是傍晚，蝙蝠在等待了整个白天后，在傍晚开始疯狂地捕食猎物以补充能量；二是天亮之前，蝙蝠也会进行繁忙的觅食活动，吃饱喝足后返回栖息地休整并等待下一个夜晚。那么，这么多种蝙蝠都吃什么呢？概括来说，蝙蝠的食物主要包括两大类：一是各种昆虫，二是植物的花蜜、果实、叶片等。除此之外，有的蝙蝠还会以老鼠、鸟类甚至动物血液为食。因此，蝙蝠有着非常多样化的食性。所谓食性是指动物摄取食物的习性，根据动物独特的食物种类，可将食性划分为食虫性、食植性、食肉性、杂食性等。接下来我们将从蝙蝠食性的角度来详细介绍不同种类的蝙蝠都吃些什么。

（1）**食虫蝙蝠**。食虫蝙蝠主要以各种昆虫为食物。全世界有80%以上的蝙蝠种类专食或兼食昆虫，包括除吸血蝙蝠和狐蝠科蝙蝠之外的所有种类。食虫蝙蝠依靠回声定位能力捕食夜空中飞行的或停留在树叶表面的猎物。食虫蝙蝠主要的捕食对象是昆虫纲动物，包括各种虻、蝇、蛾、金

食虫蝙蝠

龟子、甲虫等等。除了昆虫，食虫蝙蝠也会捕食其他节肢动物如蝎子、蜈蚣等。野外昆虫的数量和种类会随着季节的变化出现周期性波动，因此食虫蝙蝠的食物组成也会随着季节的变化而改变。不同种类的食虫蝙蝠对不同的昆虫具有偏好性，一般来说体形大的蝙蝠会捕食大的昆虫。例如大蹄蝠会捕食金龟子等鞘翅目昆虫，这类昆虫不仅体形较大，而且有坚硬的体壁和角质硬化的鞘翅。因此，大蹄蝠长有锋利的牙齿，尤其是它们的犬齿长而尖，能够深深地嵌入昆虫的身体，迅速杀死猎物。

（2）**食果蝙蝠**。专门以植物的果实、叶子为食的蝙蝠通常被称为食果蝙蝠。比如在中国海南岛分布的棕果蝠，既吃榕树、苦楝、人心果、山石榴等植物的果实，也吃龙眼、荔枝、番石榴等水果。有意思的是，棕果蝠偶尔还会吸食甘蔗汁和木棉的花蜜。

不同于食虫蝙蝠，食果蝙蝠长有一双大眼睛，所以夜间视觉非常发达。此外，食果蝙蝠的嗅觉也十分灵敏。食果蝙蝠对当地果树分布情况非常了解，甚至连不同位置的果树的果实成熟时间也能准确地把握。食果蝙蝠的觅食范围不尽相同，国内分布的犬蝠只在巢穴附近5000米范围内觅食，而埃及果蝠的觅食距离可达30000米。夜晚，食果蝙蝠飞离巢穴，通

果蝠

过视觉和记忆找到觅食的区域并落到果树上,利用嗅觉采食成熟的果实。当食果蝙蝠找到食物后,为了避免天敌守在母树附近捕食它们,一般会携带小型果实飞离母树到专门的进食地或者飞回巢穴中处理食物。食果蝙蝠吃剩下的果实种子会被带到远离母树的地方生根发芽,因此,它们对植物种子的传播具有重要意义。食果蝙蝠吃水果时并不会将整个果实吞下去,而是像我们吃甘蔗一样吸取果汁,吐出果皮和果肉中的纤维素。这样的进食方式可以最大化地摄取果实中的能量物质,同时减少食物在消化系统滞留的时间。相比植物纤维,流质食物果汁更容易被快速地消化吸收,多余的水分很快就可以排出体外。如果吃植物纤维,则会增加食物在体内的滞留时间,连续进食后不但增加飞行负荷、消耗能量,还会因为飞行迟钝面临被捕食的风险。

(3)食蜜(花粉)蝙蝠。

食蜜蝙蝠以植物的花蜜、花粉甚至花朵为食,不管是外形上还是生理结构方面,食蜜蝙蝠都与食果蝙蝠非常相似。实际上,食蜜蝙蝠正是从食果蝙蝠演化而来的,两者亲缘关

采撷花蜜的蝙蝠

系较近。同样的,食蜜蝙蝠有着发达的视觉和灵敏的嗅觉,也是依靠这种感官系统进行觅食的。与其他食性的蝙蝠相比,食蜜蝙蝠的吻端很长,这样食蜜蝙蝠就能将吻端深入花朵里面,吸食花朵底部分泌出来的花蜜。食果蝙蝠需要啃下果实榨取果汁,而食蜜蝙蝠都是用舌头直接舔舐花蜜。因此,它们的牙齿发生了不同程度的退化,咬合力也不如食果蝙蝠。但食蜜

蝙蝠的舌头极长，可以达到体长的1/4，而且在它们长长的舌头表面还长有非常多的毛刷般的丝状乳头结构，这些凹凸的结构增加了舌头的表面积，利于其在收回舌头的时候更有效地从花朵中获取花蜜。食蜜蝙蝠除了采食花粉也会以花粉甚至一些花朵为食，因此在采食过程中，这些蝙蝠也间接地帮助植物完成了授粉的工作。

(4) 食肉蝙蝠。食肉蝙蝠以小型的脊椎动物为食，包括鱼、蛙、鸟等，小型啮齿类动物，甚至是小型蝙蝠。其中，假吸血蝠科的两种蝙蝠——印度假吸血蝠和马来假吸血蝠捕食小型的鸟类、蜥蜴、老鼠，甚至是蝙蝠如

知识小贴士

食鱼的大足鼠耳蝠

大足鼠耳蝠

大足鼠耳蝠，它的名字就透露了其物种的特征——后足很大，实际上它的爪也很大并且锋利。大足鼠耳蝠喜欢在水源附近觅食，当它们捕食鱼类的时候，会张开翅膀贴着水面滑翔，同时它巨大的后足会伸入水面，快速地在水面划过。当水体浅层有活动的鱼时，大足鼠耳蝠后足锋利的爪就能牢牢地钩住鱼，迅速地将其捞起，有时还会用尾膜兜住小鱼，以防小鱼逃脱。大足鼠耳蝠捕到鱼后会找一处地方倒挂起来吃掉它，之后快速地清理自己的身体，再次进行捕猎。

伏翼和鼠耳蝠。墨西哥兔唇蝠、索诺拉鼠耳蝠和大足鼠耳蝠是目前已被发现的三种捕食鱼类的蝙蝠。蝙蝠科的南蝠体形较大，性情凶悍，因此它们时常捕食鸟类和其他蝙蝠。实际上，食肉蝙蝠也吃各种昆虫，因此笼统地讲，食肉蝙蝠也可以被归类到食虫蝙蝠之中。

（5）**吸血蝙蝠**。蝙蝠类群中有一种食性特别的蝙蝠，它们专门以血液为食，这种饮血的食性不仅在哺乳动物中，甚至在脊椎动物中都是少见的。目前发现的吸血蝙蝠只有三种，分别是叶口蝠科吸血蝠亚科的普通吸血蝠、白翼吸血蝠和毛腿吸血蝠。吸血蝙蝠专门吸食动物的血液，不

吸血蝙蝠

同种类的吸血蝙蝠的吸血对象也有所不同。普通吸血蝠主要以哺乳动物为目标，如家畜牛、马、猪，以及野生的鹿等；而白翼吸血蝠和毛腿吸血蝠主要以鸟类为目标，如野生鸟类和家养的禽类。

吸血蝙蝠每晚在夜色的掩护下开始外出觅食，它们使用回声定位导航，视觉和嗅觉都很灵敏。吸血蝙蝠经常光顾人类家禽家畜的笼舍，它们并不是扑到猎物身上直接攻击，而是先降落在目标猎物身旁，然后爬到猎物的臀部、肩部甚至颈部，用自己锋利的上门齿和犬齿切开猎物的皮肤，不停地用舌头舔舐流出的血液。为了能够"喝"饱，吸血蝙蝠也进化出了"独门绝技"。首先，吸血蝙蝠的吻部有着独特的热感应结构，可以用来检测环境中的热源（红外线），就像蟒蛇和响尾蛇那样。利用这种方式，吸血蝙蝠就能识别猎物皮肤下温热的静脉和动脉血管，从而确定下口的位置。其次，吸血蝙蝠的牙齿非常锋利，就像手术刀片一样，能够快速地划开猎物皮肤。往往猎物还没有觉察到，皮肤就已经被吸血蝙蝠划开了。当猎物

的血液顺着裂开的伤口流出来时，吸血蝙蝠会用舌头不断地舔舐。值得一提的是，吸血蝙蝠的唾液中含有抗凝血的成分，可以防止猎物伤口凝血或者减慢其凝血的速度，这样它们就可以持续地吸血了。

每只吸血蝙蝠每晚吸血量可以超过其体重的 50%。实际上，血液并不是营养价值高的食物，因为血液中超过 83% 的成分是水，而能充当能量的物质只剩少量的血浆蛋白和各种血细胞。因此，吸血蝙蝠为了能够摄取足够的能量，不得不大量饮血，但这样就会摄入大量没有能量的水分，增加飞行的负担。为了解决这个问题，吸血蝙蝠进化出快速排泄水分的肾脏系统，在取食后不久便开始排尿，迅速排出所吸血液中的大部分水分，然后继续吸食、排出水分。这样，吸血蝙蝠便能摄取足够的食物——"浓缩"的血液，同时减少过多的负载，使它们能轻装飞回栖息地，既可以减少能量消耗，也可以降低风险。

我们都知道蝙蝠是唯一会飞的哺乳动物，经过数千万年的进化，蝙蝠几乎已经丧失了行走的能力，但吸血蝙蝠很特别，它们有强壮的拇指和后肢，在陆地上能够灵巧地活动，不仅可以前行、斜行、倒退，还能跳跃。科学家经过研究发现，吸血蝙蝠的奔跑速度可高达每秒 1 米多。因此，吸血蝙蝠先是降落到猎物附近，然后用跳跃的方式靠近猎物并伺机下口。

吸血蝙蝠经常吸食人类饲养的家畜的血，不仅会妨碍家畜生长，也会传播狂犬病和其他疾病，导致人类经济财产受到损失。在南美洲，吸血蝙蝠偶尔也会攻击人，吸食人血，传播狂犬病，这导致它们成为令人讨厌的动物。为了防止狂犬病的传染，人们在南美洲试图用毒药毒杀吸血蝙蝠。结果不仅没有将蝙蝠赶尽杀绝，而且因为人们盲目的行为导致蝙蝠栖息地被破坏，从而使得蝙蝠四处扩散，反而增加了狂犬病的传播风险。不过请大家放心，吸血蝙蝠只分布在美洲中部和南部，所以在中国不必担心会遇到它们而被吸血。

（6）杂食蝙蝠。杂食蝙蝠既可以取食植物的果实、花蜜，又可以捕食昆虫。这类蝙蝠也被称为新大陆果蝠。它们具有发达的视觉和嗅觉，可以取食水果和花蜜，同时具有回声定位能力，可以捕食昆虫。新大陆果蝠在距今大约2800万年前从食虫性的蝙蝠演化而来，为了适应新的取食习惯，新大陆果蝠的吻端舌头也发生了明显的变化——明显地变长，以方便取食水果和花蜜。新大陆果蝠兼具食虫和食果的特性，可能是处在物种分化的中间态，最终演化为完全食果或者食虫。但也可能这是它们进化出来的最优取食策略，毕竟这种杂食的食性大大扩展了它们的食物资源。

在蝙蝠的几种食性中，最主要的两种是食虫性和食植性（包括食果性和食蜜性）。食虫蝙蝠的食量很大，每晚捕食昆虫的重量可以达到自身体重的1/3。由于蝙蝠本身种群数量庞大，因此蝙蝠捕

正在取食的蝙蝠

食昆虫可以消灭大量对植物和人类有害的昆虫。而蝙蝠取食水果和花蜜的行为，也有助于植物种子的传播，帮助开花植物授粉。因此，蝙蝠对于维持生态系统的稳定和人类生产生活都有着重要的意义。

第二节 蝙蝠的隐秘之所

对于大多数人来说,蝙蝠是神秘的,其中很大一部分原因在于只有在晚上才能够见到它们的身影,却不知道这些小精灵白天躲到什么地方去。蝙蝠在日间藏起来的地方一般可称作蝙蝠的栖息地。栖息地,通俗地说就是休息的地方,是所有野生动物生存必不可少的空间环境。蝙蝠有一半以上时间是在栖息地度过的。栖息地为蝙蝠提供了休息的场所,同时也是它们躲避捕食者、交配、养育后代的绝佳环境。蝙蝠的栖息地类型非常多样,一般来说只要是隐蔽、温度适宜、干扰较少的地方都可能得到蝙蝠的青睐。如果按栖息地结构进行分类的话,蝙蝠的"家"主要分为以下几种主要类型。

(1)**洞穴型**。一部分蝙蝠主要以天然洞穴及废弃的矿洞、涵洞、人工隧道、防空洞等为栖息地,进行栖息、繁殖、冬眠等活动。洞穴是人们最为熟知的蝙蝠栖息场所,它的空间环境和结构稳定性好,不易受到外界气候变化和人为活动的影响。洞内的温度恒定、湿度较高,是吸引蝙蝠前来栖息的主要因素。超过半数的蝙蝠物种选

洞穴中的蝙蝠

择洞穴型栖息地,尤其是自然溶洞。蝙蝠选择山洞作为栖息地,首先,山洞容易获得生存必需的水资源,自然溶洞是被水侵蚀后塑造的,绝大多数山洞内会有水源。其次,山洞有利于蝙蝠躲避天敌(隼、猫头鹰、蛇等)的捕食。此外,洞穴多处在山区,附近植被丰富,这也为蝙蝠提供了丰富的食物资源,例如昆虫和植物的花、果实等。选择在山洞栖息的蝙蝠往往群居在一个山洞中,数量一般有几百到几千只,最多可达数万只。

房屋缝隙中的蝙蝠

(2)**人工建筑型**。这一类的蝙蝠会以老式民居的屋檐、墙缝、阁楼为栖息地,有时废弃的厂房、桥墩下方的缝隙、烟囱等也会被蝙蝠利用。这类蝙蝠主要包括蝙蝠科物种如普通伏翼,我们平时在房前屋后经常见到的蝙蝠就是这种,还有山蝠、东方蝙蝠等。它们长期栖息和生活在人类的活动区域,和人类已经形成伴生的关系。但随着人类社会发展,现如今人类居住环境已经发生了巨大的变化,越来越多的现代钢筋混凝土建筑取代了原先的旧式砖瓦梁房屋,不仅城市,农村也是如此。整齐封闭的结构已经不再有蝙蝠能钻得进去了,所以很多年长的人会感慨现在的蝙蝠越来越少了。也正是由于环境的改变,经常出现蝙蝠误入居民家中的情况,有的是因为偶然飞入室内找不到出口,躲在窗户上面的夹缝中,有些蝙蝠甚至会跑到窗帘背面居住。如今,在人类生活区偶尔还能见到少量的蝙蝠,除了少量的旧式民居仍可以为它们提供庇护外,废弃的厂房、烟囱等也会被这类蝙蝠利用。这可能是它们适应新环境的结果，也可能是无处可住后的被迫选择，毕竟这些地方不如房屋环境稳定，尤其是在冬眠的时候，由于太冷，它们很可能会被冻死。

在四川省自贡市马冲口街道一处三层楼房里，栖息着一大群东方蝙蝠，它们住在天花板、瓦片、房梁、屋檐的缝隙，有的甚至钻进灶具和家具中。经我们实地调查，这里的蝙蝠数量可能有数千只。虽然蝙蝠的出现是一件好事，说明当地环境不错，而且蝙蝠会消灭当地的农林害虫。但与此同时，大量蝙蝠产生的粪便掉落在屋内，产生浓烈的酸臭味并且滋生细菌，傍晚和清晨，蝙蝠叽叽喳喳的叫声也已经严重影响了居民的生活。这座房子现在已被拆迁了，蝙蝠也被赶走了，不知它们是否找到了新的、远离居民区的栖息地。那么，为什么会有这么多的蝙蝠"明目张胆"地居住在这栋三层楼房里呢？原因在于该楼房位于城乡接合部，附近有着大片的树林和农耕区，为蝙蝠提供了觅食活动空间，而且这座居民楼内很多空间阴暗隐蔽且十分狭小，非常适合蝙蝠躲藏、生存乃至繁衍。

（3）**树栖型**。树栖型蝙蝠主要以植物的各种部位作为自己的栖息地，包括树洞、树皮内侧、树叶、竹筒等，不同蝙蝠物种栖息方式多有不同。例如，狐蝠科狐蝠属的蝙蝠会直接悬挂在树枝上栖息，一只一只挂在树枝上，就像树上结的果子。而狐蝠科的犬蝠则会选择不同的植物材料做巢居住。在中国，犬蝠会在蒲葵树、棕榈树等宽大的树叶下面筑巢栖息；在印度，犬蝠会在斑鸠藤、鱼尾葵巨大的果实簇中咬出一个空腔当作居住的巢。蝙蝠科黄蝠属的蝙

"我有着宽阔的双翼"

栖居在树上的蝙蝠

蝠会选择椰子树羽状叶或者蒲葵树下端枯萎的叶丛作为栖息地；彩蝠属的蝙蝠则会选择芭蕉叶、树洞等作为栖息地。最令人惊奇的是，蝙蝠科扁颅蝠属的蝙蝠会通过竹筒上的狭缝进入竹筒内栖息。由于树木栖息地与外界环境隔绝的程度比不上洞穴或者建筑物，较容易受到周围环境和气候变化的影响，并且，树栖型蝙蝠居住的树木结构无法保证稳固持久，因此它们会不断寻找新的栖息场所。树栖型蝙蝠种类多样，栖息方式各异，很有可能存在尚未发现的栖息方式。

  虽然分了这三种主要的栖息类型，但是许多蝙蝠物种并不只选择一种栖息类型。例如，伏翼属的蝙蝠既可以栖息于房屋等人工建筑中，也可以栖息于树洞中，笔者在野外调查时就曾在竹筒中发现伏翼蝙蝠。大蹄蝠主要栖息于山洞中，但在非冬眠季节，它们也会选择一些废弃的房屋、寺庙等地方居住。栖息地是蝙蝠赖以生存和繁殖的场所，蝙蝠进化出不同的栖息类型、多样的栖息方式，是其具有极强的适应能力的一种重要反映。其实在我们身边的很多地方都有蝙蝠居住，如蒲葵树、椰子树、竹筒、房屋，只要我们留心观察，很可能就会发现这些神奇的蝙蝠。

第三节 夜空中巡航、猎食的利器——回声定位

翼手目中将近85%的蝙蝠种类眼睛都很小，它们的视觉发生了退化，尤其在漆黑的夜晚，眼睛对于这些蝙蝠来说几乎没有用，它们在这种情况下和"瞎子"没什么两样。但是蝙蝠由于进化出回声定位的能力，从而摆脱了视觉不足的限制，在漆黑的环境中来去自如，稳稳地占据了夜空中的一席之地。回声定位是蝙蝠在夜空中巡航、猎食的利器。那么，什么是回声定位，它的原理是什么？蝙蝠如何使用回声定位？这项本领对蝙蝠有哪些用处呢？

什么是回声定位？生物学中，回声定位也叫生物声呐，是动物的一种主动定向方式，在视觉不起作用的环境中，动物通过回声辨别空间环境、确定方向。详细说来，动物主动发射的声波（一般是超声波）遇到障碍物后被反射的声音称为回声，回声被动物的听觉系统接收，通过中枢神经系统的分析建立其周围环境的空间"图像"，从而理解和判断自身所处的环境。蝙蝠的回声定位过程是一个复杂的、多系统精细协作的过程。这个过程涉及发声系统、回声接收系统、声信号转化为空间信息的中枢系统等。

蝙蝠的超声波由鼻孔或者嘴传出，有的两者兼之。如菊头蝠科、蹄蝠科蝙蝠的超声波由鼻孔发出，而有的蝙蝠物种则从嘴中将超声波发射出

菊头蝠

去。蝙蝠发出的超声波在三维空间中传播的形式是以声波发出点的延长线为轴的圆锥体。为了使发出的超声波方向更准确，有些蝙蝠物种（如菊头蝠科和蹄蝠科物种）进化出复杂的面部附属结构——鼻叶。大菊头蝠的超声波由鼻孔发出，它们的鼻子没有延伸的鼻腔，鼻孔的开口方向类似于仰鼻猴（金丝猴），是向上的。在大菊头蝠面部长着或大或小、或高或低的褶皱的面部衍生物——鼻叶，最显著的地方是在鼻孔上方高高耸起的连接叶，它就像一面凹形的反射装置，将鼻孔中发出的超声波聚集成束发射出去，使探测更具方向性。此外，蝙蝠的鼻叶结构被当作扩音器，具有放大超声波信号的作用。虽然菊头蝠科和蹄蝠科蝙蝠复杂的鼻叶结构，让它们看上去特别奇怪，甚至有些丑陋和狰狞，但这些独特的面部附属器官让它们成为蝙蝠界有头有脸的"人物"，辨识度很高。蝙蝠独特的鼻叶结构还有另外一种"作用"——便于物种分类，不同种类的蝙蝠往往具有形态各异的鼻叶结构，如菊头蝠科和蹄蝠科蝙蝠的面部鼻叶结构就有着明显的差别。即使同属一科的蝙蝠，它们的鼻叶结构也存在些许的不同。因此，蝙蝠的鼻叶形态常被用来作为物种分类的依据。

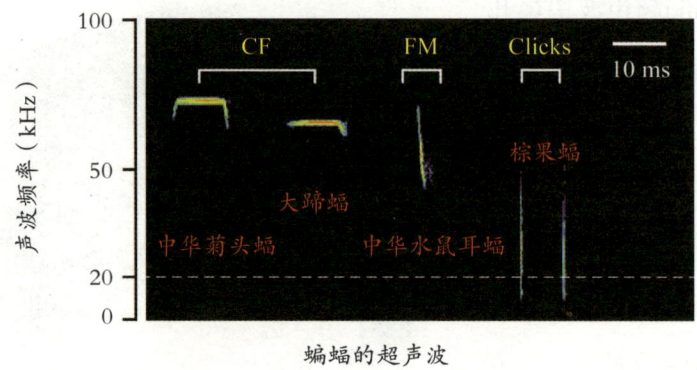

蝙蝠的超声波

蝙蝠回声定位行为使用的是超声波（声音频率超过20000赫兹），而人耳所听到的声音频率范围为20-20000赫兹，所以相对于人和其他哺乳动物来说，蝙蝠用来定位的声音是高频声。

那么，蝙蝠为什么使用高频声呢？首先，在自然界中鲜有生物能够发出如此高频的声音，因此能够避免来自其他声源的干扰。其次，超声波在空气中传播的能量衰减速度很快，而且声波频率越高，能量衰减速率越快，这就导致蝙蝠的高频声波只能在空气中传播很短的距离。蝙蝠运用超声波的这种物理属性主要是为了不至于过早地惊动猎物，以增加捕食的成功率。同时，这种快速衰弱的超声波也可以避免蝙蝠不同个体间的声音干扰，尤其是一群蝙蝠在同一个地方觅食的情况下。最后，蝙蝠使用高频声最重要的原因在于提高探测目标的分辨率——目标大小、形状，以此识别目标是否是猎物。

不同于其他动物依靠视觉系统来定向，蝙蝠的定向主要依靠听觉系统，因此耳朵便成了蝙蝠用来收集声音信号的接收器。而蝙蝠的耳朵为了适应这种特殊的定向系统，在外形结构上发生了很多改变。大多数蝙蝠的外耳由宽阔的耳郭和耳屏两个部分组成。蝙蝠的耳屏是耳郭前面立着的一块皮肤，是其他动物绝无仅有的独特的结构。蝙蝠的外耳在结构上的改变，对蝙蝠的听觉功能有非常重要的意义。

像其他听觉敏锐的动物一样，蝙蝠长有一双硕大的耳郭，用来收集更多的声音信号。蝙蝠的耳朵非常灵活，经常动来动去，转向不同的方向，周围环境中任何的"风吹草动"都能被其监听。不仅如此，蝙蝠的耳郭还可以在一定程度上通过收缩和折叠改变其形状，这种行为被认为是为了调整接收声音的最佳姿势。

蝙蝠的耳屏立在耳郭前方，它在引导声音进入耳内、通过回声定位来确定猎物的位置和导航方面起着重要的作用。科学界普遍认为耳屏有利于蝙蝠定位垂直方向目标，这是在三维空间中确定猎物和障碍物位置的关键。此外，也有研究认为耳屏的存在是为了接收头部前方中线两侧30°–40°空间范围内的声音，以此加强输入回声的方向性或敏感性。曾有人针对

蝙蝠硕大的耳郭

蝙蝠耳屏在飞行活动中的作用做过行为学实验，它们将蝙蝠的耳屏紧紧地贴在身体上，虽然蝙蝠依旧能够飞行和躲避障碍物，但其灵敏度只有之前的1/4。几乎所有有回声定位能力的蝙蝠都有这个结构，而其他蝙蝠则没有，可见耳屏对于蝙蝠回声定位的重要性。

蝙蝠的大脑还能通过回声信号与自身超声的差别评估目标的细节信息，例如根据回声信号的强度感知目标材质、根据回声信号的频谱识别目标的形状。这要归功于蝙蝠奇特的听觉中枢系统。蝙蝠的听觉中枢在接受耳蜗毛细胞产生的神经信号之后，能够将因环境结构发生变化的回声信号解析为空间环境信息，包括空间环境中物体的材质、距离、形状、移动速度等等，就如同是我们用眼睛看到的空间环境，只不过蝙蝠是"听"到的，这正是蝙蝠大脑的独特之处。那么蝙蝠的大脑在接收声音信号之后如何理解这些信号所表达的信息？是哪些神经细胞在处理这些信号？这些信号又是如何被"翻译"为具体的目标形状、移动速度等这些信息？蝙蝠的大脑在处理听觉信号时是不是与我们处理视觉信号的机制相同呢……解答所有这些问题的关键在于对蝙蝠大脑的研究，但是关于蝙蝠的大脑在回声定位神经生物学方面的研究一直是科学家们研究的难点，它就像一个"黑匣子"一样，人类至今还没能完全打开。

在自然界中，除了蝙蝠利用回声定位这一特殊的方式定向外，鸟类如金丝燕、南美的油鸱，非洲兽目的马岛猬科动物，食虫目的鼩鼱科动物，以及海洋哺乳动物如虎鲸、海豚等齿鲸类等动物都具有回声定位的本领，但是蝙蝠却将回声定位运用到了极致。回声定位行为对蝙蝠的生存非常重要，它在蝙蝠的捕食、导航、社会交流中都发挥着重要的作用。同时，回声定位系统的高度进化使得蝙蝠在空中避开与大多数鸟类的竞争，从此成为黑暗的天空里最独特的精灵之一，蝙蝠这一卓越的生存优势使得整个蝙蝠类群多年来一直保持着繁荣兴盛。

目前，世界上已发现的哺乳动物超过 6000 种，而蝙蝠可谓是其中最奇怪的动物之一了，在漫长的演化过程中，只有它们的前肢进化成了翼，能够像鸟类一样飞翔，成为唯一真正进入天空生活的哺乳动物。不仅如此，蝙蝠还有着倒挂、回声定位、冬眠等行为。现在我们都知道生物是不断进化的，那么蝙蝠是由什么动物进化来的呢？又是如何进化出翼、回声定位等独特的结构或者本领的呢？接下来介绍蝙蝠的起源和演化。

第三章 蝙蝠的起源与演化

第一节 蝙蝠从何而来——蝙蝠的起源

关于蝙蝠从何而来,我曾听过一个神奇的"起源学说"。小时候觉得蝙蝠很神秘,白天不见踪影,晚上就大群地飞出来,老家的房子偶尔有蝙蝠掉下来被我们捉到,在好奇心的驱使下,我们免不了要将这些蝙蝠"研究"一番。这时大人们就会告诉我们,蝙蝠是老鼠偷吃了盐变成的,当时我觉得这个"起源"很神奇,夜里我还真的偷偷地躲在我家厨房的角落里盯着盐罐子看,看看有没有老鼠去偷吃盐,会不会变成蝙蝠,现在想想真是愚蠢至极。事实上,蝙蝠"起源于"老鼠的说法不仅仅只在我老家才有,而是普遍流行于全国的。在国内的多个地方,蝙蝠被称为天鼠、挂鼠、飞鼠、岩老鼠等,从这些别称当中,我

被双翼包裹的蝙蝠

们都可以看出蝙蝠被人们认为是鼠的一种。甚至在中国古代亦是如此，唐代诗人白居易在《山中五绝句·洞中蝙蝠》一诗中就有关于蝙蝠的描写："千年鼠化白蝙蝠，黑洞深藏避网罗。远害全身诚得计，一生幽暗又如何。"在古人眼中，蝙蝠也由老鼠幻化而成。可见，蝙蝠"起源于"老鼠的说法已经植根于中国传统文化之中。

查尔斯·罗伯特·达尔文
英国生物学家，进化论的奠基人

这种"起源学说"只是反映了中国古代人民对蝙蝠起源的朴素的认知，但蝙蝠真的是由老鼠变的吗？显然不是。

说到蝙蝠的起源，有一位科学巨匠不得不提及——查尔斯·罗伯特·达尔文，他是英国著名的生物学家，进化论的奠基人。他有一次传奇的自然探险之旅，就是乘坐贝格尔号舰完成了历时近5年的环球航行，对动植物和地质结构等进行了大量的观察和标本采集，在晚年出版了《物种起源》，提出了生物进化论学说：所有生物都是经过长时间的自然选择过程后演化而成的。这一理论是人类认知自然界的又一突破，也刷新了人类对自己的认识，这一科学理论至今无人能够撼动，仍然是我们从事生物学研究的理论基础。达尔文关于物种起源的进化理论告诉我们，地球上存在的所有生物都不是凭空出现的，它们有一个共同的祖先，之后每个生物分别沿着各自的进化之路发生着缓慢的变化，在时间的长河中越走越远，最终形成了地球上的大千世界。地球上的生命形式各式各样，大小不一，形态各异，有的在天上飞，有的在水里游，但他们都有一个共同的目标——适应地球的环境、繁殖自己的后代。这样的理论适用于人类探索自身的由来，也同样适用于蝙蝠。

现在的所有哺乳动物都隶属于哺乳纲，它包括三个亚纲：（1）原兽亚纲，一类较原始的卵生哺乳动物，它们像鸟类一样产卵、孵化、哺乳幼崽，如分布在澳大利亚的鸭嘴兽、针鼹等；（2）后兽亚纲，即有袋类动物，它们繁殖后代的方式是胎生，但因为没有真正的胎盘，胚胎在母体内发育不完全，所以母兽的腹部长有特殊的育儿袋，可以让发育不完全的幼崽在袋子里继续完成发育。美洲分布的负鼠以及澳洲分布的袋鼠和袋熊（也叫树懒）都属于有袋类动物。（3）真兽亚纲，即有胎盘类动物，如今绝大多数的哺乳动物都属此类，胚胎在母兽体内发育完全，有专门的乳房哺乳。小鼠、蝙蝠、人都属于有胎盘类哺乳动物。

与鸟类一样，哺乳类动物都是由爬行类动物进化而来的，哺乳动物起源于距今2.25亿年的三叠纪晚期。已知最早的哺乳动物是在中国被发现的吴氏巨颅兽，它生活在2亿年前的侏罗纪时期。而胎盘类哺乳动物，也就是真兽亚纲的祖先，则在很久之后才出现。目前认为最早的真兽亚纲祖先是中华侏罗兽，产于我国辽宁省早白垩纪时期（1.6亿年前）的义县组。这是一种鼩鼱大小的动物，擅长在树枝上攀爬，捕食昆虫。早期的哺乳动物都很小，因为当时它们正处在恐龙称霸地球的时代，面对当时的"霸主"恐龙，早期的哺乳动物只能退避三舍，因此它们曾很长一段时间都生活在恐龙的阴影下。直到距今6600万年前的白垩纪时期，地球经历了一次全球性的生物大灭绝事件，这直接导致了恐龙这个曾经支配全球陆地生态系统超过1.6亿年的庞然大物就此从地球上消失。尽管这事件同时带走了当时约70%的其他物种，但幸运的是部分哺乳动物仍然依靠顽强的适应能力幸存了下来，这其中就包括现生哺乳动物的祖先。也正是因为恐龙的灭绝腾出了大量的生态空间，让哺乳动物有了一席之地，并且迅速成长、分化、繁盛。恐龙灭绝后，地球并没有陷入寂静，而是进入了另一个崭新的时代——哺乳动物崛起的时代。

恐龙灭绝后气候回暖，哺乳动物开始快速演化。真兽亚纲的祖先经历了一次"物种大爆发"，陆续分化出各种哺乳动物。蝙蝠就是在这个

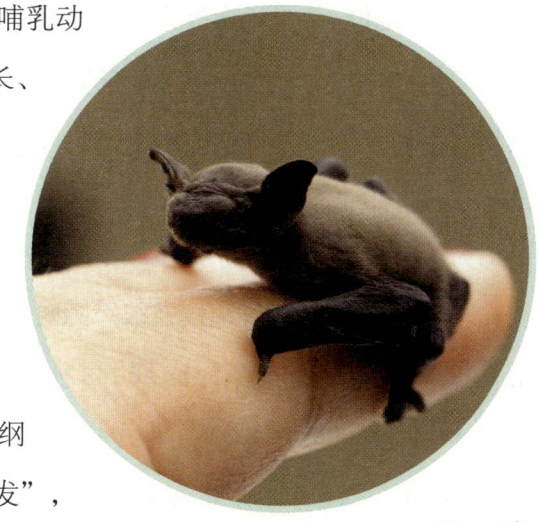

蝙蝠幼崽

时候出现的，大约在 6000 万年前，蝙蝠由一种在陆地上生活的吃虫子的小型兽类进化而来，它们与食虫目－食虫类动物（如鼩鼱）、偶蹄目－偶蹄类动物（如鲸、牛）、食肉目－食肉动物（如虎）等共同属于劳亚兽总目。可以说，相对于人和鼠，蝙蝠与牛、鲸鱼、老虎的亲缘关系更近。现今发现最早的蝙蝠化石的年代可追溯距今 5000 多万年前的始新世早期。后来人类利用分子遗传学手段推测，至少 6000 多万年前，蝙蝠就已经出现在地球上了，而我们现代人的进化时间，也最多只有几百万年。

随着时间的推移，蝙蝠种群内部迫于环境压力（如食物资源匮乏等）也在不断地进化，表现为物种分化、新物种形成，它们由一个祖先衍生为两个或者多个新的物种。与此同时，它们的体形、食性、行为也都为了适应新的环境而发生了区别于祖先的改变。蝙蝠是物种进化较为成功的一个类群，在其演化过程中发生过两次重要的物种分化事件。大约在 5800 万年前发生过一次物种分化事件，直接导致现如今的果蝠（狐蝠科）与食虫蝙蝠分道扬镳，各自走上了自己特有的演化之路。在体形、视觉、嗅觉、

食性、回声定位、能量代谢等方面，果蝠都发生了区别于祖先状态的变化：果蝠的体形趋向于变大；视觉和嗅觉愈加发达；食性由食虫变为食果，食物不再是虫子而是植物的果实、花粉、花蜜、树叶等。果蝠的回声定位能力也发生了变化，要么完全丢失要么退化后再进化。这些变化都是果蝠为了适应新的环境而做出的改变。另外一次是距今 2800 万年前，分布在新大陆的叶口蝠科蝙蝠在很短的时间内迅速地分化，直接导致叶口蝠科的物种数量迅速扩张为 48 属 148 种。同时，在新物种中产生了丰富的、新的遗传性状，极大地丰富了翼手目的物种多样性，如世界上唯一的白色蝙蝠（洪都拉斯白蝠）、世界上唯一的吸血蝙蝠、又食虫又食果的蝙蝠等等都来自叶口蝠科。

第二节 蝙蝠的生存之道——蝙蝠的演化

飞行的起源

飞行是所有蝙蝠共有的、与生俱来的能力。这包含两层意思：第一，蝙蝠在胚胎发育过程中逐渐长出修长的前肢和翼膜，自出生后就具备完整的飞行器官，经过学习和训练就能展翅飞翔；第二，蝙蝠的祖先很早以前就已经进化出飞行的能力，现今所有的蝙蝠都遗传了其祖先的这种特殊能力，正所谓一脉相承。2003 年，在美国怀俄明州绿河组距今 5000 多万年前的早始新世地层中，发掘出目前已知的最早的蝙蝠化石，这已是相当接近蝙蝠祖先状态的蝙蝠物种了。从化石上来看，那个时候的蝙蝠的大小与现今的蝙蝠差不多，身体结构尤其是前肢延长的掌骨和指骨、翼膜等都已经表现出飞行的关键特征，由此可以证实，蝙蝠很早就具备了卓越的飞行技能。

虽然化石证据证明蝙蝠的祖先就已经进化出独特的前肢，能够飞行，但是蝙蝠祖先的前肢又是如何进化的呢？因为缺乏直接的化石证据，我们无法重现蝙蝠前肢真实的进化历程，只能通过部分化石和现有蝙蝠特征进行推测。目前科学界的主流观点认为，蝙蝠可能是由一类树栖的、能够滑翔的小型兽类进化而来。从蝙蝠的化石上可以看出蝙蝠祖先的一些特征，如尾巴较长、后肢较发达，适应在树上生活；而现生的蝙蝠后肢纤弱、功能退化，一旦落到地面不容易再起飞。虽然现有的证据不能真实地演推出蝙蝠飞行能力的进化细节，但总体的方向是有理有据的。因此，我们不妨大胆地"演示"一下蝙蝠飞行进化的路线：起初一类小型兽类生活在树上，在树上上蹿下跳，后来在树与树之间穿梭，慢慢地在身体两侧长出一些皮膜，可以借助空气的浮力滑翔，这一本领使它们能够移动到更远的树上觅食，又能在遇到危险的时候快速地下坠，从而大大地提高了它们的生存能力，再后来为了能够控制和把握飞行的速度与方向等等，它们在原有的基础上不断地完善飞行结构，直到进化出一套完美的飞行器官，实现真正的飞行。这时候的它们就不再是当初的物种了，而有了"蝙蝠"这一新的名字。

为什么蝙蝠喜欢群居？

几乎所有的蝙蝠都是群居的，它们聚集在一起生活形成一个群体，蝙蝠群体数量少则几只多则几百万只。不同的蝙蝠物种集群方式和群体大小不同，比如在中国南方地区广泛分布的犬蝠，它们通常几只到二十几只居

龙出山

住在一起形成一个家庭；扁颅蝠也是以小家庭的方式住在竹筒里，一个竹筒最多可以居住二十几只蝙蝠。而居住在山洞的蝙蝠群体数量有几百只到上万只，这些蝙蝠可能不止一种，但它们可以共用一个山洞栖息，不同的物种偏好在山洞不同深度和高度的位置栖息，有的也会和其他物种住在一起。栖息在山洞时，蝙蝠成片地挂在岩壁上，身体挨着身体，甚至落在一起。每到傍晚，山洞中的蝙蝠就开始躁动，抖动身体并发出叽叽喳喳的叫声，这是蝙蝠准备外出觅食的信号，很快这种信号就传遍山洞，它们在洞口盘旋集结，然后陆续飞出洞口。当洞里的蝙蝠数量很大时，这种集体飞出觅食的现象非常壮观，大量的蝙蝠瞬间从山洞中涌出来，持续几十分钟。最早飞出的蝙蝠向着觅食地飞去，后面的蝙蝠接连不断，连成一条长线，从远处看上去就像是一缕缥缈的青烟从山上冒出来。我只在国内见过一次这样的奇观，当地人称这是"龙出山"，的确很形象。由此可见蝙蝠不仅休息时会集群，就连外出觅食也会一起行动。那么蝙蝠为什么总是聚集在一起呢？或者换句话说，蝙蝠集群对它们有什么好处呢？

　　首先，动物集群生活是一种本能行为，动物聚集在一起都是为了满足生活需求，如社会性交往、繁殖等。同样，蝙蝠集群也有利于它们的繁殖、觅食等活动。大量的蝙蝠聚集在一起有利于维持微环境的稳定，比如繁殖过程中母蝠需要温暖且稳定的环境，它们聚集在一起有利于保持"产房"这一小生态环境的温度，当母蝠外出觅食时会把幼崽留在"产房"，幼崽们聚集在一起可以相互取暖。集群有利于蝙蝠个体之间的信息交流，比如分享觅食地信息等。其次，蝙蝠聚集在一起可以大大降低被捕食的风险。蝙蝠被捕食的风险主要来自空中飞行的天敌，比如鹰、隼、猫头鹰等，尤其是在傍晚初飞的时候，蝙蝠被捕食的风险最大，因为蝙蝠的天敌就在洞口附近伺机猎捕它们。而大量的蝙蝠同时出现使得天敌不容易在众多蝙蝠中锁定目标，就大大地降低了单只个体被捕食的风险，对蝙蝠群体起到保护作用。

蝙蝠的体温调节及冬眠

哺乳动物为内温（恒温）性动物，具有体温调节中枢，可以维持体温的恒定而不受外界环境温度改变的影响。因此，即使在低温的环境下，只要食物充裕，哺乳动物仍能够进行正常的新陈代谢与活动。蝙蝠属于哺乳动物，所以蝙蝠在活动状态下体温处在正常水平，介于37℃到38℃。

冬眠中的蝙蝠

但有些蝙蝠尤其是在洞穴栖息的蝙蝠，它们白天休息时体温可调至与周围环境温度相差2℃-3℃。蝙蝠夜晚外出活动前会进行热身活动，它们快速地抖动身体，让体温升起来。这种昼夜间的体温变化的现象被称为蛰伏。在冬眠时蝙蝠的体温则更低，一般降到4℃-10℃，接近冬眠洞穴中的环境温度。由此来看，蝙蝠的体温并不是一直恒定的，而是可以根据生活习性主动、有规律地调节，准确来说，蝙蝠是变温的哺乳动物。

那么，蝙蝠为什么要调节自身体温变化呢？在生物科学中有一个规律：动物体形大小与身体能量散发成反比。像蝙蝠这样体形较小的动物，很容易失去身体热量。为了维持体温，动物进化出两种截然不同的保温策略。有的动物通过增加皮下脂肪含量建立身体保温层，以减少热量的散发。有的动物靠大量的摄食增加新陈代谢为自己提供热量，但是如果没有办法随时捕到充足的猎物保证能量需求，就得想办法"节流"了。这种生存策略在生物界中最成功的例子就是蝙蝠，它们主动将体温调至和环境温度相似，这样两者之间温度差很小，能够大大减少蝙蝠自然热量向环境散发的单向传导。因此，蝙蝠进化出调节体温的行为（蛰伏和冬眠）主要是为了节约能量，可以帮助其平稳渡过食物匮乏的时期。

两种生存策略殊途同归，但相对来说，蝙蝠主动调节体温的方式更复杂，也更具风险。调低体温涉及蝙蝠的生理、神经、行为上的诸多变化，蝙蝠在蛰伏和冬眠状态下反应迟钝，有被捕食的风险。而在漫长的冬眠过程中，蝙蝠的体温虽然被调到很低的水平，但仍然需要能量维持体温和核心器官的活动，如心脏和大脑，这些能量是由脂肪燃烧而产生的。如果之前没能储备充足的脂肪，蝙蝠又没办法中途外出觅食，它们就很难挨过整个过程。有时候冬眠中的蝙蝠由于干扰被迫醒来，这个过程需要额外消耗一部分能量，即使再次进入冬眠状态，也可能因为能量不足而被"冻死"。

虽然有一定的风险，但总体来说蝙蝠调节体温的生存策略是成功的，蝙蝠进化出一套精确的体温调节机制，保证体温下调后不损伤自身健康，并在合适的时间苏醒，帮助其度过艰难的时期。

为什么蝙蝠要倒挂着休息？

蝙蝠休息时总是头朝下，脚朝上，呈倒挂姿势，这种怪异的姿势常常让人感到困惑和好奇，为什么蝙蝠要倒挂呢？这与蝙蝠后肢的结构和功能有着很大的关系。蝙蝠的后肢很短，股骨和胫骨骨骼纤细，而且没有强劲的肌肉组织，仅有一层皮肤"包裹"着。蝙蝠后足这种结构说明它们后肢的功能较弱，显然不能像其他哺乳动物的后肢一样支撑身体，所以蝙蝠无

"看，我还会杂技呢！"

法站立。虽然蝙蝠后足的结构和功能较弱，但抓握能力却是一流的。蝙蝠后肢有锋利的向内弯曲的爪，使它们能够牢牢地挂在任何一处粗糙的表面。此外，蝙蝠后足特殊的肌腱连接方式控制着蝙蝠趾头（爪）的收缩和舒展，蝙蝠在自然休息状态下倒挂着，其自身重力就可将肌腱拉紧，蝙蝠的爪就紧紧抓在高处了，不用额外消耗能量。蝙蝠选择倒挂的姿势是与其起飞方式相适应的。同样具有飞行能力的鸟类，它们在起飞时一般需要借助后足蹬跳或者助跑。然而蝙蝠不能跑也不能跳。如果将一只蝙蝠放在地上，它的腹部是贴着地面的，即使平坦宽阔的地方，蝙蝠也要折腾几下才能艰难起飞，倘若不慎落在灌丛中，蝙蝠基本没有办法挣脱出来。因此，蝙蝠的起飞方式是从倒挂的姿势开始的，它们起飞时只要轻轻地松脚就可以释放自己，顺势展翅飞翔了。这是蝙蝠倒挂的另外一个优点，倒挂在高处给自身提供了最佳的姿势，不需要额外消耗能量就能起飞。此外，蝙蝠倒挂休息的地方一般是山洞中的峭壁或者树枝，这些位置是捕食者难以到达的地方，即使遇到危险，蝙蝠也可以迅速地逃离。因此，倒挂有利于蝙蝠躲避捕食者。

　　倒挂的蝙蝠如何解决"上厕所"的问题呢？很多人认为蝙蝠住在潮湿的山洞里，挤在一起，会误认为蝙蝠很不"干净"。其实蝙蝠是很讲卫生的，它们每天餐后都会花很长时间清理身体，就连"上厕所"都很讲究，有着独特的姿势。当倒挂的蝙蝠需要排便时，它的前肢拇指（有爪）会抓着悬挂的位置，后足松开身体向前翻转180度，屁股向下完成排便，然后恢复倒挂姿势。蝙蝠飞行的时候就随意多了，随时随地"泄"下"货物"。

　　对于蝙蝠来说，倒挂还有一个挑战——大脑充血。我们知道，人倒立几分钟后，大脑就会充血，感到头疼难受，而蝙蝠却能以倒挂的姿势睡上整个白天，甚至整个冬天，它们就不会担心大脑充血带来的不良后果吗？其实蝙蝠与我们的感受并不相同，对于体形较小的蝙蝠来说，它们全身血量很小，心脏距离头部的距离并没有很长，即使倒挂，血液的重量对于大脑的影响也不会很大。其次，蝙蝠有着健全的血管系统，而且血管中有许多的瓣膜可以协助血液流回心脏，所以蝙蝠不会发生大脑充血的问题。

第四章　蝙蝠与病毒

在一定程度上讲，人类文明发展史也是人类与自然界野生动物的共存史。在原始社会和石器时代，人类猎捕各种野生动物作为其食物，所谓"茹毛饮血"反映的就是人类原始的生存状态。当人类社会进入农业文明时代之后，为了获得更稳定的食物来源，人类更是广泛地将各种野生动物驯化为家禽家畜。进入现代社会后，人类直接接触自然界中的野生动物的机会越来越少，但仍然没有脱离自然而存在，也没有完全隔绝与野生动物的接触。而野生动物身上携带的病毒，也会不时地传播到人身上，形成或大或小的传染疾病。纵观人类文明发展进程，人类曾不断地遭受到各种传染病的困扰，比如鼠疫、霍乱、麻风、艾滋病、梅毒、斑疹伤寒、疟疾、狂犬病等。而且这些病毒最初都来自野生动物，每一次传染病的暴发都给人类带来不同程度的危害，其中以鼠疫和天花为最。当人类进入现代社会，人口聚集，社区、城市、国际间的人口流动日益频繁，近年来由野生动物携带的病毒导致的区域性、全球性的公共卫生安全事件屡屡发生。其中，蝙蝠以其携带病毒之多、传染性之强成为野生动物中最"臭名昭著"的一个。这也让这类不起眼的小型哺乳动物越来越多地被大众关注。蝙蝠为什么会携带这么多的病毒？又是如何传染给人的？为何蝙蝠感染病毒反而没事？带着这些疑问，让我们继续这场对蝙蝠的探秘之旅吧！

第一节　蝙蝠为何携带如此之多的病毒

作为自然界中一个古老的哺乳动物类群，蝙蝠在地球上生存了至少6000万年的时间，其卓越的生存适应能力和强大的种群扩散能力，使它们更容易接触到新环境中多种多样的病原体，其中就包括各种病毒。蝙蝠携带的病毒变异后常常会导致人和其他动物患上严重的甚至致命的疾病。蝙蝠携带的病毒种类之多、传染性之强、毒性之恶劣已经让人们开始对这种生物产生了恐惧心理，以致谈"蝠"色变。

其实，自然界中的野生动物，甚至包括人在内都会或多或少携带病毒，这并不是动物自身的"错"，问题都出在病毒身上。病毒是一种介于生命体和非生命体之间的微小生物。病毒的结构非常简单，它通常由核酸（DNA或RNA）和蛋白质外壳构成。在细胞外状态下，病毒无法进行任何生命活动，因此我们称病毒是非生命体。当它进入细胞后，病毒就可以利用细胞中的物质和能量完成生命活动，按照它自己的核酸所包含的遗传信息产生和它一样的新一代病毒。病毒的生命活动、繁殖、传播必须依赖于细胞，它们常常寄生在各种活着的生命体上——细菌、植物、动物等。蝙蝠自然也逃脱不了被病毒寄生的宿命，但相对于其他动物而言，蝙蝠携带的病毒格外多。科学家发现，蝙蝠身上携带超过100种烈性病毒，如埃博拉病毒、狂犬病病毒、尼帕病毒、MERS病毒以及各种冠状病毒等。那么，为什么蝙蝠会携带如此之多的病毒呢？

第四章 蝙蝠与病毒

暗夜中的精灵

这当然与蝙蝠庞大的物种数量有关。在一项科学研究中,科学家创建了一个数据库,汇集了不同哺乳动物和鸟类所携带的病毒种类和数量。他们发现种类繁多的动物类群(如啮齿类、翼手类)会携带更多的病毒和较多的可传染人类的病毒。蝙蝠种类超过1400种,不同的种类可能携带着不同的病毒。因此,对于物种丰富的蝙蝠类群来说,它们就可能携带了更多的病毒种类,甚至存在尚未被人类发现的病毒。

另外,蝙蝠极其喜欢群居,它们白天休息时和冬眠时都聚集在一起。尤其是栖息在洞穴里的蝙蝠更是成千上万只个体聚集在一起,形成非常高的栖息密度，这是哺乳动物中极其少见的现象。群居的蝙蝠个体之间彼此紧挨着，在同一处空间内呼吸、交配、生产，寄生在它们体表的寄生虫轻而易举地在群体间扩散，这就给病毒传播提供了极其便捷的传播途径，一旦群体内任何一只蝙蝠感染了病毒，那么整个洞穴中的蝙蝠都难逃被感染的命运。这一独特的栖息方式使得越来越多的蝙蝠种类被迫携带了大量病毒。

蝙蝠之所以携带大量病毒，还因为它们的新陈代谢能力非常强。飞行是一种高耗能的运动，蝙蝠在飞行状态下需要消耗大量的能量，因此它们的新陈代谢速率很高。高的新陈代谢速率有利于蝙蝠快速地清除体内产生的"垃圾"，如细胞代谢产生的活性氧自由基等，同时，这种卓越的方式也能帮助它们减少体内病毒的数量。只有当蝙蝠在冬季为保存体能而冬眠时，这种天生的保护能力才会下降。这也正是这种小型哺乳动物在冬眠过程中非常容易感染病毒，使病毒负载量达到最高水平的原因。

蝙蝠的免疫系统也非常强大。蝙蝠一旦被病毒感染，非死即伤。为了生存，蝙蝠进化出了强大的免疫系统以对抗病毒。蝙蝠这种强大的防御系统是在病毒的不断折磨中进化出来的，最终使得蝙蝠与病毒长期共存。一方面蝙蝠可以耐受更多的病毒，即使携带很多病毒也不会生病，或者极少表现出严重的疾病症状。另一方面感染病毒并且活下来的蝙蝠可以产生特定的抗体，清除再次入侵的病毒，并在自然状态下逐渐达到群体免疫的效果。这种效果与现代人类通过主动接种疫苗达到共同抵御疾病的目的有着异曲同工之妙，只是人类接种的"病毒"是安全的，而蝙蝠接种的病毒是野生的，极其危险的，在自然条件下不知道要进行多少次"试验"，"牺牲"多少蝙蝠才能达到这种效果。如此来看，蝙蝠的强大实则是建立在无数磨难的基础之上的。

所有这些因素加在一起，使得蝙蝠携带了多种病毒。我们可以惊叹蝙蝠与病毒共存的卓越能力，同时我们也难免会对蝙蝠产生畏惧的心理，蝙蝠的种群数量极大，携带病毒极多，扩散能力极强，一旦这些病毒"泄露"或发生变异，将对其他哺乳动物和人类造成极大的威胁。

第二节 蝙蝠为何"百毒不侵"

目前，根据可靠的统计，科学家在蝙蝠体内分离出了至少56种病毒，预测之后可能会分离出超过100种病毒。因此，蝙蝠是许多病毒的自然宿主，它就像一个飞行的病毒库，不定期地把这些危险的病毒"释放"出来威胁其他哺乳动物和人类。令人惊奇的是，虽然蝙蝠携带这些病毒，但自身并不会发病或者说不会表现出明显的临床症状，这说明蝙蝠可能具有独特的免疫机制来抵抗病毒，从而与病毒共存。蝙蝠究竟有何种"秘密武器"抵抗如此之多的致病病毒呢？这不仅是普通大众关注的热点，也是当代生物学家迫切想要解决的问题。

病毒为了生存和繁衍必须侵袭其他生物，它们希望宿主能够源源不断地给自己提供能量以及产生新病毒所需的氨基酸、核酸等，同时也希望宿主能给自己提供一个稳定的生存环境，即可以与宿主长期共存。理解病毒为什么能够与蝙蝠共存，得从病毒毒力传代递减的自然特性说起。病毒在进入宿主体内之初，毒性很强，会引起宿主强烈的免疫反应，被病毒感染的个体死亡率往往很高，但经过几十代甚至几百代的繁殖后，病毒的毒性变得很弱，以至于无法再引起宿主的强烈免疫反应，反而可以与之共存。就像起初病毒侵袭人类一样，在大规模病毒感染刚刚暴发的时候死亡率往往最高，经过一段时间后，死亡率慢慢降下来，除了医疗干预因素之外，病毒本身毒性减弱也是原因之一。当病毒与宿主达到共存的状态后，病毒处于相对稳定的环境中，它们在宿主体内表现出一定的稳定性，这个时候病毒对自然宿主的威胁也是最小的。但是这种稳定的生存环境一旦发生了变化，比如自然宿主受到干扰，机体处于应激状态，宿主遭遇大规模死亡，病毒跑到了新的动物身上等，病毒变异速度就会加快，有可能变得更具传

染性和毒性。这也正是为什么蝙蝠身上的冠状病毒可以让蝙蝠安然无恙，变异后却能让人发病甚至死亡的原因。

我们知道生物最突出的本能是种群繁衍，病毒也一样，病毒的目的是找到一个最佳的宿主与之共存。所以一个"优秀"的病毒一定既不能毒性太强，以免导致宿主死亡，自己也无法存活；也不能太"温柔"，因为毒性太弱就会很快被宿主的免疫系统清除掉。病毒也在筛选蝙蝠，它不用担心数量巨大的蝙蝠群体全部死亡，虽然一部分蝙蝠死亡是不可避免的，但活下去的蝙蝠就能和病毒"和平相处"了。这就是病毒的"生存智慧"。

姿态各异的蝙蝠

以上是从病毒进化的角度去理解为什么病毒没有将感染的蝙蝠"赶尽杀绝",而是与蝙蝠"和谐相处"。虽然最终蝙蝠得以生存下来,但也付出了极大的代价,不得不终生携带病毒。其实在长久的进化过程中,蝙蝠自身也不断地进化以更好地适应病毒。蝙蝠的免疫系统进化出主动抵抗病毒的超强能力。作为哺乳动物中唯一会飞的动物,蝙蝠为了维持高耗能的飞行,身体需要保持高代谢率,以修复快速损伤的细胞。因此,蝙蝠在飞行状态下体温可以高达40℃,这类似于常年发烧,这时候蝙蝠的免疫系统始终处于警戒状态,随时清除外来入侵的病毒。除此之外,国内有些研究发现蝙蝠细胞在清除自由基、快速产生干扰素、降低炎症反应等方面的特殊性也有助于其抵抗病毒。由于以上几个原因,蝙蝠自身拥有超强的免疫系统,抵御了病毒的侵害,所以蝙蝠即使携带病毒也几乎不会发病,就算是发病也只表现出轻微的症状,不会导致死亡。

总体来说,蝙蝠与病毒之间经历数千万年的时间才达到如今的共生状态,这个过程中,两者一直在互相斗争和彼此妥协两种状态中来回切换,这种博弈促使病毒与宿主达成某种默契,直到最后两者共存,这其中既有蝙蝠超强的免疫系统在积极地压制着病毒,也有病毒自身"委曲求全"的智慧。时间给了它们充足的机会发生进化,也正是如此,蝙蝠无可奈何地被寄生了几十种病毒。

科学研究帮助我们理解蝙蝠携带病毒却不致死的原因,具体的机制值得我们进一步深入研究。当人类解开蝙蝠抵抗病毒的奥秘之后,是不是可以将其应用于治疗人类病毒感染呢?设想有一天这种科学的认识转化成技术,人类或许可以将蝙蝠的病毒免疫机制用于人类的疾病治疗。说不定我们以后还可以引入蝙蝠的基因,生产与蝙蝠有关的生物产品呢!

第五章　你不知道的蝙蝠趣闻

第一节　蝙蝠回声定位的发现过程

蝙蝠，自古以来就被人类视为神秘的生物，隐匿在幽暗的山洞中，等待夜幕降临，伺机而动。它拥有常人难以理解的特殊能力，能够在黑暗的夜空中自由飞行。要知道，蝙蝠的这一神秘行为曾经一度困惑了科学家100多年。蝙蝠是如何在黑夜中发现和捕捉美味，又是如何在复杂的山洞和树林中准确避开障碍物的呢？难道蝙蝠在黑暗的环境中真的能"看见"？

1793年，意大利的生理学家Lazzaro Spallanzani是最早的一位对蝙蝠飞行导航进行实质性探索的科学家，起初他也认为蝙蝠像猫头鹰一样，夜晚依靠视觉来导航，他因此设计了一系列的实验验证自己的猜测。首先，他将一个不透明的头套罩在蝙蝠头上，限制蝙蝠的视觉，然后在黑暗的房间将其释放，果不其然，蝙蝠在房间内横冲直撞，飞行中还碰到了障碍物——系着铃铛的丝带。Lazzaro Spallanzani为了进一步证实他的推测，将一个透明的头套罩在蝙蝠的头上，结果却是令他失望的，蝙蝠依旧不能躲避障碍物。这似乎说明了视觉在蝙蝠飞行过程中起着重要的作用，但又不能排除实验装置可能对蝙蝠飞行的影响。为了更好地解决这个问题，

Lazzaro Spallanzani 推翻了之前对蝙蝠视觉导航的猜测，通过手术的方法将蝙蝠致盲，令他惊讶的是，盲的蝙蝠可以在完全黑暗的环境中自由飞翔，而且还能像正常的蝙蝠那样很好地躲避障碍物。据此，他推断蝙蝠在黑暗的夜空中飞行并不是靠视觉导航，而是靠某一种视觉之外的感觉系统。这是历史上第一次在科学界用实验的方式探索蝙蝠夜空中飞行的导航方式，虽然 Lazzaro Spallanzani 的发现仅限于推断出蝙蝠夜晚飞行并非依靠视觉，但这毫不影响其成为探索蝙蝠回声定位行为的先驱者，这更激起了后来人们对蝙蝠飞行导航以及生物回声定位的研究热情。后来的同行学者在回顾生物回声定位行为的研究史时，无不推崇 Lazzaro Spallanzani 的开拓性发现，高度认同 Lazzaro Spallanzani 是回声定位的发现者。

受 Lazzaro Spallanzani 发现的启发，1794 年，瑞士的动物学家 Charles Jurine 进一步对蝙蝠飞行导航进行探索。他将蜡块（或铜管）塞到蝙蝠的耳道里将蝙蝠致聋，这次蝙蝠很容易撞上障碍物，当堵塞耳道的蜡块或者铜管被移除后，蝙蝠又能像平时一样躲避障碍物。Charles Jurine 的单因素控制实验证明了听觉在蝙蝠躲避障碍物过程中发挥着至关重要的作用，蝙蝠之所以能够在夜晚自由飞行靠的正是听觉——Lazzaro Spallanzani 所说的某种视觉之外的感觉系统。随后 Charles Jurine 写信将其发现告诉 Lazzaro Spallanzani

飞行中的蝙蝠

并获得后者的确认。至此，二人的发现确切无疑地证实了蝙蝠利用听觉来飞行导航这一事实。可惜的是这一正确结论在当时并未引起科学界和公众的关注，直到20世纪40年代才被Donald Griffin等人再度揭示。

蝙蝠听觉导航的发现被忽视了100多年的原因，与当时的学界对一位法国动物学家Georges Cuvier的"学术权威"的盲从有很大关系，他认为Lazzaro Spallanzani和Charles Jurine的实验有缺陷，蝙蝠在夜晚飞行定位靠的并不是听觉，而是"器官触觉导航"，也被称作"第六感觉系统"。尽管Georges Cuvier并没有做实验，也没有任何实验结果能够推翻Lazzaro Spallanzani和Charles Jurine的发现，然而这种观点还是被当时的人普遍接受。这使得学界对蝙蝠听觉导航的探索停滞了一个多世纪，这一阶段是蝙蝠听觉导航（回声定位）研究的至暗时代。

直到1938年，哈佛大学生物系毕业生Donald Griffin的研究，引导学界对蝙蝠飞行定位以及生物回声定位的探索进入了一个全新的探索时期。大学刚刚毕业的Griffin对蝙蝠迁徙和归航十分感兴趣，但同事建议他去找当时的物理学家George W. Pierce，因为Pierce发明了世界上第一台可以检测到人类听不到的声音——超声波的仪器。Pierce是电信通信的奠基者，他发明的这台仪器可以探测并分析包括人类听力到其上限100千赫兹的听力范围的声音。两人在1938年第一次发现了蝙蝠发射的超声波，由于设备时灵时不灵，蝙蝠飞行过程中超声波几乎接收不到，所以当时的他们对此并未过多关注，不认为这与蝙蝠的听觉导航有关。其后，Griffin的学生Galambos表现出对蝙蝠夜间飞行定位强烈的好奇心，在Griffin的鼓动下，他们重新开展了一系列系统性的行为学实验，在房间内设置一排竖直的绳子，间隔30厘米，将瞎、聋、哑的蝙蝠放入其中，让它们自由飞翔，并记录下撞击绳索的次数和实验次数。结果显示，相对于完好的蝙蝠，

枝头的蝙蝠

瞎蝙蝠的飞行并不受影响，聋、哑蝙蝠都出现了显著增高的撞击率，在房间中迷失了方向。因此，Griffin 和 Galambos 再次证明了蝙蝠在夜间飞行靠的是听觉，并且他们根据蝙蝠发射超声波的结果，推测出蝙蝠正是利用了自身发射的超声波遇到障碍物后反射回来的回声信息探知周围环境，从而躲避障碍物。乍一听，人们会觉得这个想法很大胆，其实，早在 1920 年，就曾有人有此猜测，认为蝙蝠会发射一种短波，经过附近物体时会反射回声，蝙蝠听到回声后就能判断周围环境信息，如此看来 Griffin 和 Galambos 也是受人启发。

蝙蝠依靠听觉定位这一结论已经再次被证实，那么再具体一些，是不是靠超声波的回声呢？这就需要提到之前我们讲过的 Pierce 了。这次，Pierce 团队改进了超声波检测设备，可以录制蝙蝠飞翔过程中的超声波。

他们发现只要蝙蝠在天空中飞行,就一直能录到它的超声波,这些超声波由一连串的短波脉冲组成,他们发现,脉冲数量和速率并不是恒定的,与蝙蝠距离障碍物的远近有很强的相关性。当蝙蝠靠近障碍物时,脉冲速率陡然增加,穿过障碍物后又瞬间减小,这个结果提示他们超声波与距障碍物的距离相关,超声波正是蝙蝠用来探测障碍物的。因此,他们第一次解释了飞行中的蝙蝠躲避障碍物的原理:发射超声波–障碍物反射回声–耳朵接受回声–定位障碍物位置。这一年是1942年,正值第二次世界大战期间,战事频发,社会动荡,但并未打断学界对蝙蝠超声波定向的思考。1944年,Griffin在《科学》杂志上发表文章,解释蝙蝠的这种行为,并第一次正式命名蝙蝠的这种行为。随后,1960年,他和Webster及Michael又录制到蝙蝠觅食飞虫时的捕食超声波,用更加坚实的证据证明了蝙蝠觅食和飞行是依靠超声波回声精确地定位和捕获食物的。

第二节　聪明的犬蝠会做巢

在中国的南方生活着一种奇特的大蝙蝠——犬蝠,犬蝠的眼睛很大,因为面部尤其是吻部与狗类似,故名犬蝠。不同于我们晚上在空旷草地、灌木或者河面上见到的小蝙蝠,犬蝠不能发出超声波,所以没有回声定位能力,主要依靠发达的视觉系统进行导航。犬蝠以水果为食,通常被称为果蝠,而且犬蝠是不冬眠的,因此这种蝙蝠仅生活在我国南方的部分地区,如广东、广西的热带及亚热带植被丰富的地区,以保证不同季节均有食物

母蝠与幼崽

采食。

其中很少的几种树栖型蝙蝠有着像鸟类一样的主动筑巢行为,犬蝠即是其中之一,犬蝠改造植物的树枝、果实簇、叶子,使之形成一个适于居住的巢穴。已知的犬蝠可以利用至少9种植物的叶、茎枝甚至果实簇筑起一种四周封闭、底部中空或侧面开口、形如"吊钟"的帐巢。

根据国内外科学研究报道,我们可以把犬蝠的巢按照不同的形状分为两类:一类是茎栖巢,如犬蝠利用垂枝长叶暗罗和蔓斑鸠菊的枝茎丛、董棕的果实簇建筑的茎栖巢,研究人员在印度尼西亚发现犬蝠趁枝条或者花梗幼嫩的时候咬断,建造一个直径为10-15厘米的圆柱形巢;另一类则是帐巢,在我国广东、广西、云南等南方地区,犬蝠普遍在蒲葵树的树叶上建筑帐巢。蒲葵树叶呈掌状,较为宽大,以前是用于制作蒲扇的材料。犬蝠在距离叶柄基部一定距离(15厘米左右)呈扇形咬折叶脉,叶片外缘部分垂下来,形成四周和顶部相对封闭的"帐巢"。

犬蝠的筑巢行为最让科学家惊奇的是,建筑巢穴是雄性犬蝠的专有属性,雌性不筑巢,雄性建筑一个可居住的栖巢后,陆续有雌性犬蝠被吸引进栖巢居住，形成相对稳定的家庭。犬蝠的社会结构为一雄多雌，也就是说一个家庭里只有一只成年雄性，其余为雌性或当年生的亚成体。我们在广州曾记录到，一个栖巢最多的时候可以居住 17 只犬蝠。一个栖巢里的雄性犬蝠享受与家庭内雌性犬蝠的交配权，这是一种资源控制型社群结构，雄性犬蝠建筑的栖巢是一种犬蝠生存不可或缺的"资源"，占据并保卫这种资源，也就获得了与雌性交配的机会。雌性虽然不用筑巢，但节约了因筑巢和保卫巢穴耗费的时间和能量，得以有更多的精力哺育后代。

筑巢的洪都拉斯白蝠

第三节　住在竹筒里的扁颅蝠

在蝙蝠中有一种体形特别小、头颅骨骼非常特别的物种——扁颅蝠，它隶属于蝙蝠科扁颅蝠属。在扁颅蝠属中已知有三种蝙蝠，分别是扁颅蝠、褐扁颅蝠及倭扁颅蝠，依据体形大小、被毛颜色可很好地区分这三种蝙蝠。扁颅蝠是这三种蝙蝠中最为引人注目的，因为它全身毛发呈金黄色，看上去非常新奇，扁颅蝠的英文名称为 Lesser Bamboo Bat 或者 Flat Head Bat，也有称 Padded Bat，这些名字无不体现着扁颅蝠的特征。下面我们就详细道来。

为什么扁颅蝠的头是扁的呢？这要从它居住的地方说起。扁颅蝠住在竹筒里面，通过一个非常狭小的缝隙出入，这个缝隙只有1厘米左右的宽

住在竹筒里的扁颅蝠

第五章 你不知道的蝙蝠趣闻

扁颅蝠

度，是刚发芽的竹笋被一些虫子咬破后留下的。所以扁颅蝠的头扁扁的是为了能够自由地进出竹筒，从而适应这种特殊的栖息环境。这个巢非常明显的一个好处是能够极好地保护它们免受天敌的捕食，比如蛇，狭小的缝隙，蛇是钻不进去的。扁颅蝠并不是躺在竹筒下面，而是悬挂在竹筒的上端，这得益于它另外一个独特的生理结构。在扁颅蝠的手腕部和脚踝内侧长有厚厚的肉垫，表面是光滑的，就像壁虎、树蛙的吸盘一样，这使得扁颅蝠能够紧紧地贴在光滑的竹筒内壁而不会掉下来。扁颅蝠并不像我们平时在小区、公园或者学校见到的那种体表黑黑的蝙蝠，扁颅蝠的身体是金黄色的，非常惹人喜爱，身体比我们拇指稍大一些，体重有3克左右，也算是我们国内有分布的体形比较小的蝙蝠了。这种蝙蝠以家庭为单位居住在一起，一个家庭里面成员最多可达到21只。一般来说一个家庭里面只有一只雄性,其余都是雌性或者幼崽,这种一雄多雌的繁殖模式,在动物界中算是比较常见的了。我曾经一个人在广西崇左待了将近三个月去观察这种蝙蝠的繁殖行为,那种经历相当难忘。白天顶着烈日在村子里找竹子,扁颅蝠又住在竹子的中上段,所以每次我都要爬上去一棵一棵地检查,幸运的时候从竹子里能找到好几个缝隙,但不是每个缝隙里面都住着扁颅蝠,还要凑上用鼻子去闻一下气味,有些竹筒会有浓烈的蝙蝠粪便味道,有这种气味的竹筒十有八九都有蝙蝠居住。

第六章 蝙蝠的作用及意义

作为一个庞大的哺乳动物类群，蝙蝠在生态系统中发挥了极其重要的作用。它们中既有成员可以捕食农林害虫，维持生态系统的平衡；又有成员可以传播植物的花粉和种子。此外，蝙蝠作为一种非常奇特的野生动物，经历几千万年的演化获得了如飞行、回声定位、冬眠等多样的适应环境的特性，是进化生物学、神经生物学、发育生物学以及仿生学研究的理想材料，具有极高的学术价值。同时，蝙蝠能够与各种病毒长期共存，是多种人类致病病毒的自然宿主，它们也与人类健康以及公共卫生安全密切相关。此外，蝙蝠演化出了多种人类所关注的特性，如抗癌、长寿等。因此，保护蝙蝠具有重要的生态意义，对蝙蝠开展广泛、深入的研究对于维护公共卫生安全、加深人类对健康疾病机理的理解也具有重要的应用和学术价值。

第一节　蝙蝠在生态系统中发挥的作用

捕食农林害虫

　　1400多种蝙蝠中约有80%的种类以各种昆虫为食，它们依靠高超的回声定位技能捕食大量夜行性的昆虫。这些昆虫不仅包括白蚁、蛾、蝇、甲虫等农林害虫，还包括传播疾病的蚊子、蟑螂等卫生害虫。研究发现，食虫蝙蝠每晚可捕食接近自身体重1/3的昆虫，一只体重20克的蝙蝠，一夜可捕食200-500只昆虫，考虑到其庞大的种群数量及较长的活动季节，蝙蝠捕食的害虫数量不可估量。因此，蝙蝠对控制农林害虫数量起到了重要的作用，也间接地为人类农业、林业生产提供了生态服务。

　　马达加斯加将种植稻米作为主要的农业生产活动，然而当地的稻田却经常遭受大量昆虫的破坏。剑桥大学的研究人员通过跟踪生活在附近的蝙蝠发现，它们每晚都会在农田长时间地捕食，研究人员利用DNA条形码技术分析蝙蝠的粪便，发现当地6种蝙蝠都以水稻、甘蔗等经济作物的害虫为食，因此蝙蝠为马达加斯加的农业提供了重要的害虫防治服务。蝙蝠可以有效地控制农林害虫已在世界多个地方得到证实，为许多区域的农业生产都贡献了经济价值。科学家估算了巴西犬吻蝠通过捕食害虫，每年可为得克萨斯州的棉花生产提供约74万美元的经济价值，占棉花总产量价值的15%左右。而在北美地区，每年通过蝙蝠减少作物损害，使人们避免使用杀虫剂而创造的价值约为 229 亿美元。

传播植物花粉和种子

在旧大陆的热带和亚热带地区，以及新大陆的美洲地区生活着以植物花粉、花蜜、果实为食的蝙蝠，包括狐蝠科及叶口蝠科的近 300 种蝙蝠，它们依靠灵敏的嗅觉和发达的视觉在热带森林中广泛取食水果和花蜜，无形中充当了植物的花粉和种子的传播者，为森林生态系统的健康和演替提供了重要的生态服务。

在树林中穿梭的蝙蝠

食蜜蝙蝠有着长长的吻端，每次在吸食花蜜时都会将其伸进花朵里面带出花粉，在造访下一朵花时就将花粉传播给它了。因此，食蜜蝙蝠在采蜜过程中不断地传播着各种植物的花粉。自然界中，很多植物不同程度地依赖蝙蝠进行传粉，如美洲仙人掌科、龙舌兰科和桃金娘科的植物以及亚洲的紫薇科植物等。依靠蝙蝠传粉的植物基本上都是在夜间开花，而且散发浓烈的气味，如葫芦树和仙人掌会分泌强烈的麝香或酸味，这种气味对蝙蝠有着极强的吸引力。有些植物的花专门在夜间开放以吸引蝙蝠，其中一些长得很大且有宽大的花蕊；另外一些则具有向外伸出的花瓣，仿佛是为蝙蝠提供一个平台，让蝙蝠在接近花蕊时将花粉落到它们身上。依靠蝙蝠传播花粉的植物还包括多种经济作物，如榴梿、香蕉、杧果和番石榴等。长舌果蝠以每晚平均26次的访花频率成为榴梿的主要传粉者。

食果蝙蝠在觅食时一般会携带果实飞离母树到专门的进食地处理食物，它们吸食果肉中的汁液，将果实的纤维、种子、果核等吐出来，这时果实的种子就会被传播到远离母树的地方生根发芽。也正因此，它们对植物种子的传播具有重要意义。要知道，大多数热带植物幼苗根本无法在母树的阴影里正常发育，一些母树甚至产生毒素阻止其幼树成熟。因此，植物种子必须被传播到很远的地方才能保证种群的繁衍和扩散。果蝠将大量的果实带到远离母树的地方，吃完果实后将种子扔掉，种子就可以就地生根、发芽，逐渐生长成茂盛的植物。有些植物的种子甚至需要经过蝙蝠消化道的处理才能更好地萌发。比如榕树的种子包含很多非常小的种子，果蝠会吃进去一部分种子，种子并不会被消化掉而是随蝙蝠的粪便排泄到各个地方，经过蝙蝠的消化处理后，种子反而有更高的出芽率。在热带和亚热带地区的原始森林和岛屿上，果蝠甚至是某些植物唯一的授粉者和种子传播者，是当地生态系统中的关键物种，一旦果蝠数量发生巨大的变化，就容易导致生态系统平衡被破坏。

在热带及亚热带地区，果蝠由于体积大、飞行能力强、活动范围广，从而成为高效的传粉者和种子传播者。许多果蝠每晚的觅食范围超过数十公里。由此可见，果蝠维持着森林生态系统的多样性，对生态系统健康发展和演替起到不可或缺的作用。

不可否认，蝙蝠觅食活动在生态系统中发挥了极其重要的功能，不仅捕食大量的农林害虫，而且帮助许多植物传播花粉和种子，为生态系统提供着卓越的生态服务。同时蝙蝠作为食物链中的一环，是一些食肉动物的捕食对象，为它们的生存繁衍提供了能量。捕食蝙蝠的动物很多，包括狐猴、浣熊、负鼠、猫、蛇等，甚至一些其他种类的蝙蝠。鹰、隼、猫头鹰和蛇是蝙蝠主要的天敌。在美洲及非洲，至少有5种蛇捕食栖息在岩洞和树洞中的蝙蝠。鸟类则在傍晚和黎明，于蝙蝠捕食返回途中进行捕食，这些鸟类捕获蝙蝠的量最多可达其每日食物需求量的50%。因此，蝙蝠作为生态系统中的一员，不管是捕食还是被捕食，都为生物圈物质、能量流动发挥着作用。

第二节　蝙蝠的学术研究及应用价值

蝙蝠自出现以来就拥有了非凡的生存技能，它们依靠飞行和回声定位两个得天独厚的生存法宝在地球上繁衍生息，并且历经数千万年的演化逐渐发生了众多为适应环境而发生的变化。身体结构上如独特的耳屏和翼膜、延长的前肢、进化后的取食器官、退化的眼睛和后肢等；行为上如倒挂、发射和感知高频声音、回声定位等。正因为在演化中，蝙蝠为适应环境发生了如此之多的改变，所以成为生物学家研究生物进化基本问题的理想素材。

蝙蝠是长寿明星

动物寿命的长短通常与其体形大小成正相关关系，体形较大的动物往往比体形较小的动物寿命长。比如，蓝鲸的寿命可达200年，而普通小鼠的寿命通常只有1-3年。在哺乳动物中，人类的寿命通常是70-90年，是同体形其他动物的4倍，算是寿命较长的动物了。但令人惊叹的是，虽然蝙蝠的体形较小，但却有着非常长的寿命。目前寿命有准确数据记录的蝙蝠是生活在北美地区的莹鼠耳蝠，其最长的寿命为41年，是其他相似体形的哺乳动物的8倍。如果人类能像这类蝙蝠一样长寿，按体积换算后，我们可以活240年之久。实际上很多蝙蝠种类都很长寿，尤其是食虫的、冬眠的蝙蝠，如菊头蝠、长耳蝠、吸血蝠等，它们的平均寿命都超过30年。

显然，蝙蝠寿命越长，它们进行繁殖的次数越多，能够留下的后代就越多，它们的种群数量就越大。那么，蝙蝠为什么如此长寿呢？最近，科研人员对蝙蝠长寿的分子机制进行了研究。端粒是一种

"我是长寿明星"

自由翱翔的蝙蝠

存在于真核生物细胞线粒体末端的一小段 DNA 和蛋白质的复合体，参与细胞分裂和细胞衰老活动，细胞每分裂一次，端粒的长度就会缩短，细胞或者生物体的寿命就越短。相对于其他哺乳动物或者寿命较短的蝙蝠，长寿蝙蝠的端粒不会随着年龄的增加而缩短，而且与 DNA 修复相关的基因在长寿蝙蝠中具有强烈的适应性选择作用，也就是说这些基因发生了有益的突变，有利于增强其细胞功能。此外，蝙蝠的长寿现象可能还与其周期性主动调节体温和冬眠行为有关。在休息和冬眠状态下，蝙蝠体温下调，心率下降，以非常低的热基础代谢率度过一段时间。尽管目前人们对于蝙蝠长寿秘密的了解还不够全面，对其机制的研究也不够深入，但是随着科学的发展以及人类的不懈努力，相信不久的将来，关于蝙蝠长寿的机制的研究将会取得更大的突破，为人类实现健康长寿提供新的参考。

蝙蝠具有极低的癌症发生率

蝙蝠不仅具有较长的寿命，而且它们大多很健康，极少罹患癌症。在一项科学研究中，研究人员对生活在亚洲、非洲以及澳大利亚的蝙蝠进行了长期的、广泛的调查，最终没有发现一个患癌的蝙蝠个体。因此，蝙蝠很可能具有某些独特的抑癌能力，导致其具有极低的癌症发生率。通过对蝙蝠抗癌机制的深入研究，有利于人类理解和认识癌症的发生机理，甚至可以帮助我们研发出治愈和抑制癌症的药物或方法。

此外，蝙蝠特殊的免疫系统，使得其能够与多种致病病毒共存，这些病毒经过变异后往往会导致人和其他哺乳动物患上严重的全身性疾病，但携带病毒的蝙蝠却不会表现出明显的临床症状。因此，对蝙蝠免疫系统的研究可以帮助人类更好地理解疾病的发生与传播，探索对抗病毒的新方法，进而开发治疗药物。在医学上发现，从吸血蝙蝠唾液中提取的抗凝血蛋白质溶解血栓的速度比一些临床所用的药物快一倍。

蝙蝠仿生学应用

一些蝙蝠虽然长有眼睛，但是晚上活动时，视觉几乎不起作用，蝙蝠可以被看作是一个活生生的"盲人"。然而，蝙蝠却能依靠回声定位这个技能灵活地躲避障碍物。基于对蝙蝠超声波回声定位原理的研究，人们制造出导盲杖，将其应用于盲人导航。同时，蝙蝠又是一个飞行高手，蝙蝠的飞行器官有着完美的结构，可以收放自如。它们在飞行过程中扇动翅膀提供飞行动力，前肢和体侧柔韧、有弹性的翼膜让飞行更加流畅，其尾膜的摆动起到舵的作用。蝙蝠天生具有适应高度密集、复杂环境下飞行的能力，不管是追捕快速移动的猎物，还是悬停吸食花蜜，甚至即使与成百

第六章　蝙蝠的作用及意义

上千只同类在狭小的空间里，蝙蝠都能灵活地控制其飞行速度和方向。通过参考蝙蝠飞行器官结构和蝙蝠飞行中的空气动力学原理，科学家研制出了蝙蝠飞行器，可以在某些特殊环境派上用场，帮助人

正在喝水的蝙蝠

翼行服

065

们完成特殊的工作任务。此外,近年来有一项特别受欢迎的极限运动——翼装飞行,在这项运动中,极限运动爱好者穿的翼行服也是参考蝙蝠飞行结构而设计的。

虽然雷达技术的发明早于蝙蝠回声定位的发现,但是雷达系统后期的改进得益于蝙蝠回声定位原理的启发。例如,蝙蝠在飞行时会发出超声波来定位障碍物和猎物,但是背景噪声会重叠,干扰回声。当蝙蝠在茂密的树叶中追逐猎物时,也会有类似的问题,从树叶弹起的信号也会形成干扰。然而蝙蝠能够通过记住每个声音的"心理指纹"以及改变发声行为来解决问题,这使它们可以通过稍微改变频率的方式分离信号,从而使一个信号无法与另一个信号匹配。蝙蝠的这种本领可以帮助科学家学习开发雷达和声呐设备,从而避免电子器械对雷达系统的干扰。

你们瞧,蝙蝠其实浑身都是"宝",人们对蝙蝠的科学研究不仅能让我们正确认识蝙蝠和保护蝙蝠,而且更有利于我们利用蝙蝠的特殊技能来造福人类。

第七章 蝙蝠的保护

第一节 蝙蝠需要保护吗

蝙蝠种群数量庞大，地球上的各种陆地环境几乎都有它们的分布。然而，蝙蝠的生存状况却不容乐观。最近多项研究发现，全球性、区域性范围内蝙蝠的生存面临着多重威胁，它们的种群数量正在持续下降。例如，在美洲广泛分布的墨西哥犬吻蝠，1937年时种群数量约为870万只，但1997年再调查时，种群数量就仅剩35万只左右了；生活在北美地区的包括莹鼠耳蝠在内的多种蝙蝠，在2006年至2016年间已有数百万只死亡。在中国，蝙蝠的种群数量也呈现出下降的趋势，例如，一项由中国学者开展的研究发现，河南省自然溶洞内栖息的蝙蝠，在近10年观察后，种类由之前的7种下降到5种，洞中栖息的蝙蝠数量下降超过70%，仅剩3000–4000只。我们在实地调查中也发现国内的蝙蝠种群数量在不断地减少，曾经一个山洞居住着上千只的蝙蝠，几年后那里几乎找不到蝙蝠的踪迹。在与当地人交谈时，他们经常会说起以前还能看到村子里房前屋后、山上林子里蝙蝠到处飞，现在明显感觉蝙蝠越来越少了。由此可见，蝙蝠的物种多样性和种群数量都在呈现下降的趋势，它们的生存面临严重的威

"看我们表演一个'大鹏展翅'"

胁,许多物种甚至面临着灭绝风险。影响蝙蝠种群生存的因素是多重的,主要包括以下几类。

（1）**蝙蝠原有栖息地被破坏**。蝙蝠赖以生存的栖息地和觅食栖息地的丧失直接导致了大量蝙蝠的死亡和种群的普遍减少,人类为了寻求经济发展而进行的粗暴的开发行为是导致蝙蝠栖息地被破坏的主要因素,砍伐森林、采矿、旅游开发等活动都会直接导致蝙蝠栖息的植物、山洞被侵占、破坏。国内很多省份原本分布着十分丰富的自然溶洞资源,但是近年来为了满足人类日益增加的娱乐参观或经济需求,很多山洞被开采矿产或者被改造成旅游景点,项目开发人员根本不会在乎栖息在此地的蝙蝠,甚至为了避免山洞中蝙蝠落下粪便,还会定期地用鞭炮、鸟网驱赶它们。在南方很多地区,原始山林被砍伐,改为种植桉树、橡胶树、竹子等作物,形成大片的人工经济林，这种森林生态环境类型单一，造成该区域生物多样性很低，蝙蝠的食物资源——昆虫也明显减少，甚至因为缺乏适合蝙蝠居住的植物种类从而对一些树栖蝙蝠造成致命的打击。这种利益导向的人类活动对原本栖息在其中的蝙蝠造成了巨大的影响，被干扰后的山洞几乎没有蝙蝠再继续居住。这也是全球范围内蝙蝠面临的主要威胁。

（2）**有机氯农药的广泛使用**。多项研究证实，在全球范围内，由于有机氯农药在农林生产活动中被大量使用，毒素在蝙蝠体内累积，导致了蝙蝠的死亡。在欧洲、北美等地，已对因化学污染物导致的蝙蝠大量死亡进行了广泛的研究。有机氯杀虫剂及其代谢产物可在环境中残留，并在昆虫和吃昆虫的蝙蝠的体内各组织中累积，直到达到致命的、神经毒性的浓度。DDT 是有机氯农药使用中最常见的化合物。在美国新墨西哥州，农业生产过程中大量使用有机氯农药导致 DDT 在蝙蝠体内残留并累积，DDT 的毒性直接导致约 20% 的年幼无尾蝠死亡，是新墨西哥州的无尾蝠种群数量显著下降的主要因素。有机农药不仅直接导致蝙蝠死亡，还会导致当地昆虫等蝙蝠食物资源数量的下降，间接地导致蝙蝠种群数量的下降。在中国，因有机农药使用直接或者间接地导致蝙蝠死亡的情况同样存在，但一直缺乏详细的研究数据，并不能评估这种威胁对蝙蝠的影响程度。近几十年来，由于立法行动和国际条约，世界范围内许多有机氯的使用量显著下降，蝙蝠的生存状况在慢慢地改善。

（3）**人类故意捕杀蝙蝠**。人类故意捕杀是造成一些地区蝙蝠种群数量下降的主要因素之一。究其原因，不同地区的人们出于不同的原因而捕杀蝙蝠。在北美和欧洲，由于在当地人的传统认知中，蝙蝠被认为是邪恶的、令人讨厌的，因此，人们通常会杀死蝙蝠。在南美洲，为了减少普通吸血蝠对人和牲畜咬伤、传播狂犬病毒的风险，政府批准用毒药、炸药等极端手段捕杀和不加控制地破坏普通吸血蝠栖息地的做法。而这些不合理的做法已经影响了数千个洞穴,并导致数百万蝙蝠死亡,其中包括许多非目标物种(与普通吸血蝠共享栖息地的其他物种)。在亚洲和澳大利亚,为了防止果蝠偷盗、破坏当地经济作物,当地农业种植户利用各种手段无差别地捕杀果蝠。在澳大利亚,当地政府还颁发了蝙蝠捕杀许可证,至今已造成数百万只果蝠死亡。在亚洲、非洲和某些岛屿上,当地居民把蝙蝠作为可以食用的动物,从而杀死蝙蝠。在我们多年的野外蝙蝠调查过程中,发现在国内许多地方存在捕杀蝙蝠、食用蝙蝠的情况,当地的很多人经常进入山洞,用渔网、火把、扫帚,甚至霰弹枪捕杀少则几十只多则上百只的蝙蝠。有些人去山洞"探险"猎杀蝙蝠纯属出于猎奇心理,而有些人则认为当地一直都有吃蝙蝠的习惯,甚至觉得这是稀有的山珍野味,不觉得有何不妥。可以理解在过去物质资源匮乏的年代,人们捕食蝙蝠等野生动物作为食物是为了获得动物蛋白,但在如今生活富足的现代社会,不管是为了满足猎奇心理还是品尝野味而去捕杀蝙蝠都是违法的,并且是十分危险的。众所周知,蝙蝠携带大量的病毒,很可能通过人类捕杀、食用蝙蝠等行为直接或者间接地传播致病病毒,引起人类公共卫生安全事故。

(4)与风力发电涡轮机的碰撞。 全球风力发电市场于 20 世纪 80 年代开始兴起,至今发展已超过三十年。随着技术进步,中国、美国、德国、西班牙等国家的风力机装置数量快速增长,全球风力发电机总数近 60 万台,中国已经成为世界上安装风力发电机最多的国家。不可否认,风力发电在社会发展中发挥了重要作用,但同时也带来很多生态问题,例如为建造风力涡轮机而导致的动物栖息地的消失,涡轮机产生的噪声干扰动物正常的行为等。这些生态问题对飞行的动物如鸟类和蝙蝠影响最为突出,这直接导致鸟类和蝙蝠种群数量的下降。在欧洲和北美地区,风力涡轮机建造在蝙蝠的觅食区，飞行的蝙蝠时常陷进涡轮机高速运转的扇叶产生的气流漩涡，发生碰撞而死亡。数据显示，2003年至2013年期间，在欧洲因风力发电涡轮机而造成死亡的蝙蝠数量达5626只，涉及18个国家的27个蝙蝠物种。

（5）流行病感染。在自然界中，蝙蝠同样面临着被病毒（如狂犬病毒）、细菌感染（如 Pasteurella multocida）引发的疾病而导致死亡的困扰，但这类病原体的传染力有限，致死率很低，所以一般来说并不能引起蝙蝠种群数量巨大的波动。但在过去的15年中，在北美地区冬眠的蝙蝠中陆续出现了因一种真菌感染而导致的疾病——白鼻综合征（White Nose Syndrome），由于最初发现时，患病蝙蝠的鼻子上长了类似白色霉菌的东西，所以这种疾病被命名为白鼻综合征。这种疾病会严重影响冬眠蝙蝠的皮肤组织，并在冬季严重破坏它们冬眠生理的机能，消耗冬眠蝙蝠储存的能量。这种真菌已经被证明能够通过直接接触而在蝙蝠之间传播，只要有一只携带这种真菌的蝙蝠进入山洞，很快就会感染群居的其他个体，致使整个种群面临灭顶之灾。不仅如此，蝙蝠白鼻综合征已经呈现出全球扩散的趋势。

白鼻综合征自从2005年出现以来，在北美地区导致了100多万只蝙蝠的死亡。如果不及时阻止其传播，越来越多的蝙蝠还将继续遭受疾病折磨，成群地消失，甚至整个种群将完全灭绝。

综上，越来越多的人为活动和自然因素导致全球蝙蝠的种群数量前所未有地下降，大量蝙蝠的死亡不仅对生物多样性造成威胁，也引起了严重的经济后果。一项发表在《科学》杂志上的研究表明，仅在北美地区，白鼻综合征以及风力发电等因素引起的北美蝙蝠的死亡可能导致每年农业损失超过37亿美元。由于蝙蝠具有世代长、繁殖率低等特点，种群一旦受到破坏，其恢复速率极为缓慢。因此，蝙蝠作为对人类生产和生态系统非常重要的一个动物类群，保护蝙蝠势在必行。

第二节　我们可以做些什么

全球蝙蝠物种多样性及种群数量都在持续下降，保护蝙蝠已刻不容缓，但现实中蝙蝠保护现状却不容乐观。在我国，由于保护意识不足，中国蝙蝠物种多样性的现状尤其严峻。因此，我们需要通过一些卓有成效的措施来保护蝙蝠。保护蝙蝠的物种多样性和种群数量不仅是维持生物多样性和生态系统功能的重要途径，也是生态系统完整、国民经济增长的重要保障。我们可以从以下几个方面，着手保护蝙蝠：

（1）**保护蝙蝠的生存环境**。栖息地和觅食区是蝙蝠赖以生存的环境，蝙蝠有一半以上的时间是在栖息地度过的。山洞和森林是绝大多数蝙蝠最主要的两种栖息地，保护自然溶洞资源以及原始森林，是对蝙蝠最直接有效的保护措施。同时，减少农药使用、扩大蝙蝠活动范围和丰富其食物资源也是保护蝙蝠的重要手段。

（2）**减少对蝙蝠栖息地的人为干扰**。蝙蝠往往在洞穴中聚集成群，对洞穴微环境非常敏感，人类贸然进入会影响它们的生理节律，导致蝙蝠惊醒后慌乱逃离，甚至造成蝙蝠死亡。这种干扰的后果在蝙蝠冬眠和繁殖期尤其严重。冬眠时期的蝙蝠因为被干扰而惊醒、逃离，使得它们额外消耗能量，可能已无足够的能量让它们安然度过剩余的冬眠期。母蝠可能因为惊扰导致流产、弃婴。因此，我们应该减少因猎奇心理而贸然闯入蝙蝠栖息地的行为。

（3）增加人工的蝙蝠栖息设备和为受伤蝙蝠提供救护。 除了保护蝙蝠原有的自然栖息地不受破坏之外，我们还可以积极主动地提供蝙蝠人工生存条件。例如，增加人工的蝙蝠栖息设备和针对受伤的蝙蝠提供救护，这将对蝙蝠生存和种群繁殖有着重要的意义。在现代城市中存在一些以人类建筑结构（如老式民宅、阁楼等）作为栖息地的蝙蝠种类，如东方蝙蝠、东亚伏翼。但因居住房屋结构改变，它们被迫失去栖息地，不得不寻求新的避难所。实际上这类蝙蝠由于环境的突然改变并不能找到合适生存的栖息地，导致它们面临灭绝的风险。因此，在我国的澳门和台湾，以及日本、英国等地，都有保护蝙蝠的措施可以推广。在我国澳门，当地政府和群众

蝙蝠巢箱

非常重视生态环境的保护，他们除了保护蝙蝠原有的栖息地，还会设置很多人造的蝙蝠巢箱，专门给蝙蝠栖息。这些蝙蝠巢箱被安装在公园的树上，专门给一些在城市居住的蝙蝠使用。一个小小的巢箱最多的时候住着20只左右的东亚伏翼，6月份的时候它们还在里面分娩，哺育小崽。这样它们就有了稳定的居住环境，也不会再跑到居民的屋里去了。这么一个小小的措施既能有效地保护蝙蝠，又能让蝙蝠远离人群，各自安好。

在澳大利亚和某些热带国家分布着种类繁多的果蝠，它们在经济作物授粉、传播植物种子方面发挥着不可替代的作用。蝙蝠对当地的森林生态系统非常重要，所以在这些国家有专门的蝙蝠救护机构，如针对蝙蝠的救援与康复中心，可对受伤和被遗弃的蝙蝠幼崽提供专业的救助，之后将康复的个体放归野外。

以上这两种蝙蝠保护措施在很多国家都存在，非常值得广泛推广应用，但目前在中国大陆尚未有专门机构对蝙蝠提供人工栖息设备和救助保育服务。很多人对蝙蝠的认识还非常粗浅和片面，没出事之前蝙蝠鲜有人关注，出了事就妖魔化蝙蝠，指责蝙蝠，谈"蝠"色变，这样都是有失理性的。

（4）制订相关法律法规。 蝙蝠作为野生动物，对生态系统和人类的生产生活有着不可或缺的作用，但一直以来都存在捕捉、食用、走私、贸易蝙蝠等现象，尤其对于稀有的蝙蝠物种，这些行为将严重影响它们的生存。通过保护立法无疑有助于减少这种情况的发生。《中国濒危动物红皮书：兽类》中列入受威胁较大的蝙蝠只有8种，《国家重点保护野生动物名录》并没有将翼手目动物列入其中。因此，亟须对国内蝙蝠生存现状全面评估，建立保护国内蝙蝠生物多样性的法律法规。此外，推广蝙蝠科普教育，提高大众对蝙蝠的保护意识，作为法律条文保护之外的补充也是非常必要的。目前国内市场上，不管是实体书店还是网络平台，都很少有专门、系统、科学介绍蝙蝠的书籍和资源。

(5) **建立非政府组织保护蝙蝠**。以保护蝙蝠为目标的这类非政府组织（NGO）已经在大多数欧洲国家以及包括北美、中美洲和南美洲的国家建立起来，然而在世界其他地区，包括大洋洲、非洲大部分地区、南亚和东南亚部分地区、中亚所有地区和俄罗斯联邦的大部分地区，这方面仍然是一个空白。

国际上非常重视蝙蝠研究与保护工作。如英、美等国家的学者在蝙蝠的分类与进化、食性、回声定位、冬眠、繁殖、行为生态学、保护对策等方面做了广泛的、细致的研究工作。而我国对蝙蝠的研究与保护现状却令人担忧。在我国已有记录的蝙蝠种类约有155种，其中有许多特有种或稀有种，但相应的蝙蝠研究和保护工作相对不足。一方面是因为国内研究蝙蝠的专家学者相对较少，对蝙蝠各方面的研究工作也有限。另一方面是因为蝙蝠携带病毒的传播导致公众对蝙蝠有误解，同时蝙蝠在生态系统中的功能没有引起政府和民众的重视，涉及蝙蝠保护的工作更是极少。在西方文化中，蝙蝠被认为是魔鬼、吸血鬼，而在我们的传统文化中，蝙蝠却象征着吉祥如意、福气，说明国内在历史上对蝙蝠有着非常积极的文化价值，或许这可以作为我们促进和发展蝙蝠保护工作的出发点。

胖胖的菊头蝠

结语

在科学入驻之前，一直以来，蝙蝠都作为神秘的动物而存在，人们对蝙蝠的了解是带着朴素的、主观偏好的认知，也就形成了形色各异的文化。在西方国家，黑暗中的蝙蝠被认为是邪恶的吸血鬼，而在东方国家尤其是中国的传统文化中，因"蝠"与"福"发音相同，蝙蝠被认为是吉祥、福气的象征，至今都可在服饰、建筑上见到与蝙蝠有关的吉祥图案。对蝙蝠的研究和相关知识的普及不仅能让我们正确认识蝙蝠、保护蝙蝠，更有利于我们利用蝙蝠的特殊技能来造福人类。作为物种多样性极丰富的哺乳动物，蝙蝠不仅为地球的生态系统贡献了重要的力量，其进化出的抗癌机制及超长寿命也值得我们进一步探究，为人类实现健康长寿提供参考。总之，不管是当下还是未来，蝙蝠都与人类有着密切的联系。

基于此，本书介绍了蝙蝠的基本知识，包括蝙蝠生态多样性、蝙蝠与病毒、蝙蝠的起源与进化等内容，期望大众可以全面、客观、科学地认识这种神秘的动物。作为一个蝙蝠研究工作者，我希望让更多的人了解蝙蝠，从而去保护这类"可爱"的动物。此外，期望未来有更多的有志之士加入蝙蝠研究的工作中来，探索蝙蝠的未知之谜。